宇介男孩

翻轉風土宿命，
以時間熟成的日本葡萄酒革命

河合香織 著
連雪雅 譯

積木文化

目次

只要打開門，即使漆黑一片，

仍會知道自己身處於小教會或是大教堂。

——《釀酒的哲學》，麻井宇介

序章

父親的遺言

那是一場奇特的葡萄酒會。

身穿西裝的白髮男士，臉上始終洋溢著幸福笑容，表現得比在場的任何人都堅強。但除了他以外，所有人都一副泫然欲泣的哀傷神情，有些人甚至已經哭出來，會場不時傳出啜泣聲。

「看起來比想像中健康呢。」

「如果能用葡萄酒打點滴就好了。」

刻意說出這些話的人們，眼中卻滲透出深切哀傷。

二〇〇二年一月十二日，四十九人聚集在藤澤大飯店，除了一部分的記者和進口商，與會者幾乎都是日本的葡萄酒釀造者。包含美露香（Mercian）勝沼酒廠等大公司，以及中央葡萄酒、丸藤葡萄酒、勝沼釀造、武田酒廠（Takeda Winery）等中型規模的酒廠，還有今後打算成立新酒廠的年輕人。

「醫生說我只能再活幾個月。」

白髮男士其實正在住院，獲得外出許可來到這裡的他，右手腕還戴著寫有姓名的住院病人手環。前年十一月接受十二指腸癌手術後，意外發現了轉移，結果已是無計可施的狀態。

然而眼前的他十分硬朗，看不出任何異狀，在台上說話時始終站著。其實在這之前，他連起身或換衣服都無法獨自完成。兩個月前僅能靠打點滴度日，在這場葡萄酒會前一週左右才開始喝米湯，四天前剛能吃五分粥（水分少的粥），今後恐怕已是出院無望。

這場聚會是為了激勵他而舉辦，而且他也有話想告訴大家。

「因為大家要幫我舉辦激勵會，我告訴自己必須努力變健康，得到了很大的鼓舞而變得有精神。既然如此，在這場難得的聚會，繼續接受各位的慰勉並非我所願，這次換我來激勵年輕的葡萄酒釀造者。」

當天早上還無法自己起身的這位男士一直站著，使盡全身的氣力說話，他所說的並非關於自身的人生成就，非關於病情的事，而是對將來要釀造葡萄酒的年輕人提供聲援。

他名叫麻井宇介，過去發表過關於葡萄酒的著作，本名淺井昭吾，一九三〇年出生，此時是七十一歲。

麻井在美露香酒莊釀造威士忌和葡萄酒，晚年成為活躍的葡萄酒顧問。他前往阿根廷指導釀造葡萄酒一事也是廣為人知。此外，他也經手被視為日本葡萄酒革命的「美露香酒莊桔梗原梅洛」。那是在日本還未使用釀酒葡萄釀造優質葡萄酒的時代。

在此之前日本用什麼釀造葡萄酒呢？其實是生食葡萄。

世界上大部分的葡萄酒都是使用釀酒葡萄（Vitis vinifera，拉丁語意指「用於釀造葡萄酒的葡萄」）。梅洛（Merlot）、卡本內蘇維濃（Cabernet Sauvignon）、夏多內（Chardonnay）等都是釀酒葡萄，葡萄酒的知名產地法國、義大利或德國等釀造的葡萄酒，都是以釀酒葡萄為原料。

另一方面，日本卻通常是用麝香貝利A（Muscat Bailey A）、珍珠葡萄（Delaware）、巨峰等非釀酒葡萄的生食葡萄。環顧世界，找不到使用生食葡萄釀造葡萄酒的產地。在一九七〇年代之前，因為使用蜂蜜或香料調味的甘味葡萄酒是主流，當作基酒的葡萄酒品質不受重視也是可以理解。

另外在全世界，釀酒葡萄的栽培是一項產業，自有種植比率百分之百的酒莊很常見，但在日本幾乎沒有專門栽種釀酒葡萄的農家。

日本存在著買米混入酵母或水發酵，著重釀造的日本酒文化。

然而，釀造葡萄酒基本上不添加任何東西，只用葡萄發酵。同樣是釀酒，這點卻是極大的差異。葡萄酒是由種葡萄的人釀造，也就是農作物。這在布根地或波爾多是理所當然的常識。

那麼，沒有自有耕地的日本酒廠如何釀造葡萄酒呢？如前文所述，有些是向契約農家購買生食葡萄，但這只是少數。其實，日本的日本葡萄酒約八成是使用外國原料。

根據日本國稅廳的統計，二〇〇八會計年度中，日本葡萄酒約一一％是使用從保加利亞、阿根廷等世界最廉價葡萄酒生產國，購買一百五十公升以上的散裝酒混合日本葡萄酒，再以「日本葡萄酒」之名販售。混製葡萄酒不必標示原產國，所以日本的消費者以為是日本葡萄酒，其實也可能是阿根廷或保加利亞產的葡萄酒。

不過，剩下的八九％也不是使用國產葡萄。在這當中使用國產葡萄的比例是二二・七％。也就是說，將先前一一％的「混合散裝酒的葡萄酒」計算在內，日本葡萄酒之中只有約二〇％是「純日本葡萄酒」，其餘幾乎全是稱為濃縮葡萄汁（must）的進口果醬狀葡萄汁，加水稀釋發酵而成，再冠上日本葡萄酒之名販售。而且，果汁的關稅稅率比酒精低。環顧世界，幾乎沒有國家會用這樣的東西製造約七成的國產葡萄酒。

這種方式當然釀造不出足以媲美知名葡萄酒產地的優質葡萄酒。

了解這般現況的人，以及不了解的消費者，自然會對日本國產葡萄酒有「不好喝」的負面印象，「所以我才不喝日本的葡萄酒」這種意見很多，日本葡萄酒在知名餐廳或市中心的酒行經常受到忽視。日本葡萄酒頂多屬於鄉下伴手禮的等級。而且，被當作伴手禮的葡萄酒也不是使用當地的葡萄，多半是使用進口原料製成，實在很惡劣。

在多數人不注重的日本葡萄酒業界，麻井是帶來一線曙光、引領發展的第一人。

當他說出自己時日不多後，會場頓時鴉雀無聲，只剩麻井持續地說著：

「今天會場的座位是肩負日本未來的年輕釀造者坐在前排，守護、支援年輕人的釀造者坐在後方。這樣的安排是為了告訴各位，不能只是追在前輩後面。因為各位都非常認真努力學習最新的釀造技術，或許有人深信那是最正確的釀造方法。不過，那真的能夠釀造出在二十一世紀與世界葡萄酒匹敵的佳釀嗎？各位年輕的釀造者必須靠自己的力量開創出一條路。」

大家都專心傾聽，深怕漏了一字一句。

「不過，這是很有趣的事喔。比起承接前人累積的各種經驗，感覺似乎走到盡頭，那就由我們來開創，這才是更有趣的事。但是，每個人的努力都有極限，所以我希望各位同心協力，一起讓日本的葡萄酒釀造發展與日俱進，這是我今天最想說的事。」

接著依麻井挑選的葡萄酒進行試飲，以四種葡萄酒為一組進行兩次試飲，最後是麻井親自參與釀造的五款「Providence」（天意）。

麻井過去曾在盲品時對這款酒做出比波爾多聖愛美濃（Saint-Émilion）一級 A 等酒莊白馬堡（Château Cheval Blanc）更高的評價。當初他得知這款葡萄酒其實是在紐西蘭剛開始經營酒莊的釀造者，以「不添加二氧化硫」（sans soufre）釀造的葡萄酒時相當驚訝，甚至前往紐西蘭親自參與釀造。

當時，不使用抗氧化劑二氧化硫的葡萄酒被認為品質較差，因為細菌或腐敗散發不良氣味是常有的事，常被認為裝瓶後頂多只能保存三個月。

可是，「Providence」打破了這個成見，具有獨特的柔和單寧酸，首批推出立刻聲名大噪，被譽為灰姑娘酒。

然而，前往造訪會發現，那家酒莊並非一般適合釀造葡萄酒之地，而且是家小酒窖，釀造者祖父遵循在克羅埃西亞採用的傳統釀造法釀酒。這種重視自己根源的心態深深打動麻井。沒有任何特殊干預的單純無添加做法，就連酒標上也看不到刻意標示。

「請各位秉持崇高的志向釀造葡萄酒。遵循以往的釀酒常識或許能釀造出好的葡萄酒，卻無法做出令人感動的葡萄酒。請試著捨棄常識。」

語畢，麻井下台繞行會場的每張圓桌，見到有空位就坐下和大家聊聊。每個人都預想可能再也見不到麻井，無不將他的教誨與人品銘記在心。與會者先關切他的病情，再請教他今後的安排。為了不讓氣氛變得沉重，人家都努力維持輕鬆談笑的氛圍。

然而，最後他走到最前排的桌子時，出現了奇怪的情景。

坐在那桌的三位青年沒有詢問他的病情，也沒有露出笑容，而是一副等待已久的模樣，把裝了自己釀造紅酒的酒杯擺在麻井面前。無法進食且被醫師禁酒的麻井心領神會似地點點頭，慎重地拿起酒杯，將葡萄酒含入口中。

岡本英史、城戶亞紀人、曾我彰彥這三人始終屏氣凝神，一臉認真地注視著麻井。他們是山梨大學研究所的同窗，一起研究葡萄酒的夥伴。這時三十一歲的岡本已經開墾了自己的葡萄園，曾我在自家的酒廠種植釀酒葡萄，城戶在長野縣以五一葡萄酒聞名的林農園擔任製造課長。

「這真是有趣呢。這款葡萄酒有果味，很棒喔。」

麻井邊說，邊從三只酒杯之中舉起裝有城戶葡萄酒的那杯。

麻井說這是「二十世紀的反省」，一九九〇年代前期的葡萄酒釀造，比起果味更追求強勁。只是味道濃郁，鮮味卻少又澀，釀造者的自我主張突出。當時那樣的葡萄酒被認為「強而有力」受到歡迎，但很快就沒落了。活用那個反省，葡萄酒必須具備果味才行。

麻井勉勵曾我：

「成為灰姑娘酒的葡萄酒，大部分是到種植第三年才開始受到好評，再觀察一年葡萄的成長，我想會有所改變喔。」

接著他看向岡本：

「靠自己思考，包含國外，不是只要模仿別人就好了。」

麻井滔滔不絕地與年輕的釀造者分享，往常他總會用開玩笑的方式緩和氣氛，此時的他卻沒說一句多餘的話，持續向後進表達他想訴說的釀造葡萄酒的思想。或許是在那桌停留太久，他被司儀請上台，進行最後的致詞。

「我自顧自地說了很多，想要激勵年輕的釀造者，應該再多說些正經事才對。為了見證各位今後的努力，我會盡可能保持健康，明年如果也能再舉辦這樣的聚會就好了。今天真的很感謝大家。」

會場中的啜泣聲變得激動，與會者或許是想到「可能不會有明年了」，於是更加悲傷。

曾我滿臉通紅地拭去淚水，岡本也拚命克制想哭的衝動。

（麻井先生要死了，他要死了。）

相較於會場那樣的氣氛，麻井悠悠地以一句話作為總結：

「那麼，我要繼續還沒說完的事囉。」

然後，下台走回他們三人那桌。

彷彿怎麼說都說不夠，麻井想說的事太多，他們想知道的事也很多。

結果，這場聚會大幅超過醫院許可的時間。

「您站了很久呢！」

回程路上有人對麻井這麼說。

麻井露出放鬆的表情回道：

「因為覺得不好意思啦，所以說話的時候我才會一直站著。」

即使超過時間，麻井還是一臉惋惜地開玩笑說：

「大家沒做出更好的葡萄酒，我就不會努力活下去喔。」

最後，麻井將裝了兩瓶葡萄酒的木盒親手交給曾我。

「曾我，如果你要釀造黑皮諾（Pinot Noir），請參考這樣的葡萄酒。和立志釀造黑皮諾的同伴一起喝吧！」

五個月後的二〇〇二年六月一日，麻井去世了。直到最後，他都沒對家人說過生病的痛苦或治療的不安，只是不斷說著「謝謝、謝謝」，直到闔眼那一刻。

他們聽到的最後一句話是「現在我最想喝的是啤酒，好想暢飲冰涼的啤酒啊」。可是，因為被醫師禁酒，始終沒喝上一口。

在梅雨季前略帶溼氣的天氣裡，於東京都中野區的某所寺院舉行了麻井的告別式。

（以後我還能找誰請教關於釀造葡萄酒的思想呢？）

岡本一臉錯愕，此時他一個勁兒地流著淚，曾我也傷心抽泣著。

（會不會是在藤澤喝了我們的葡萄酒讓病情惡化？是不是我害死了麻井先生？）

曾我感到自責，想起麻井拚了命地喝下他們釀造的葡萄酒。

有些人去了火葬場，但他們沒心情前往。然後，有人提出「我們來辦個追悼葡萄酒會吧」。

於是，幾位志同道合的年輕釀造者一起去了新宿的酒行「YAMAYA」，兩人一組去購買葡萄酒，還買了葡萄酒杯，打算進行盲品。一群人穿著喪服坐在黑暗的新宿中央公園地上，他們旋轉手中的酒杯，嗅聞葡萄酒的香氣，進行盲品，輪流說出感想，針對釀造方法議論紛紛。公園裡靠瓦楞紙箱過活的遊民，用不可思議的眼光看著在昏暗燈光下接連喝下高級葡萄酒的這群人。

這樣還不夠，他們搭計程車到六本木的葡萄酒吧喝香檳，回到飯店又用在便利商店買來的煎餃配葡萄酒，大吵大鬧直到天快亮。

「舉辦喪禮的日子，我們這樣鬧好嗎？」

有人輕聲地這麼說。

「麻井先生看到我們這樣一定會覺得很開心啦。」

這時候，初次相識的釀造者也在其中，彼此意氣相投。

「這也是托麻井先生的福啊。」

他們異口同聲地說，各自回到正等著自己的葡萄園。

接下來就是真正的挑戰了。

世上獨一無二的釀酒方式。

這是許多記者和法國生產者對岡本的葡萄酒的評價。

那樣的好評，奠基於麻井過世的二〇〇二年。

在此之前，岡本釀酒會使用二氧化硫，用除梗破碎機去除葡萄梗、壓破葡萄，照著教科書的方式進行釀造準備。可是，這年受到麻井的影響，他嘗試了不添加二氧化硫的方式。

在自然派葡萄酒已成為一大趨勢的現在，不添加二氧化硫的葡萄酒並不罕見，不過岡本說：「沒人像我這樣釀酒，其他的自然派釀造者會使用乾冰冷卻，那並不是真正的自然。」岡本做法的關鍵性差異在於，他真的只是把葡萄放進釀造槽裡。

「我根本不知道自然派是什麼意思，只是挖掘自己的內心，覺得是這樣才變成這種做法。」

岡本這麼說道。但以他的做法，葡萄酒感染細菌的風險也很高。儘管如此，他還是不使用化學藥品，而以日本特有的布巾經太陽殺菌來努力維持清潔。最後終於建立起能讓一些往往會被視為缺陷的雜菌或氣味，都成為特色而被接受的釀造方式。

當時岡本沒有自己的酒廠，只能租借釀造所。但那裡的機器太大，為了尋求對葡萄更好的環境，除了葡萄園，他也不使用釀造的機器。那麼，他是怎麼進行釀酒準備呢？

他自己組裝從生活用品賣場買來的木材和木盆，自行設計小型的榨汁機。利用汽車的千斤頂靠雙手壓榨。也不使用除梗破碎機，而是用網子篩選葡萄。

麻井的著作中也有提到，一九五〇年波爾多的一級酒莊拉菲堡（Château Lafite

Rothschild）是使用木格架，他以此作為參考。不過因為大小不合，木製品無法順利操作，經過不斷地摸索，他找到生活用品賣場裡的不銹鋼廚房用網架，一個單價一千九百八十日圓。

裝瓶的機器也是自己製作，採取透過細管子利用落差的虹吸法裝瓶。雖然非常耗時，卻是對待葡萄酒最好的方法。

岡本說麻井的話讓他感到放鬆。

（就算有人說世界上沒有人會做那樣的事，只要照你自己的方式去做，我會支持你。）

城戶認為麻井的厲害之處在於他的認真。

麻井總是說：「不管是拉菲堡或其他葡萄酒，身為釀造者都是平等的立場。日本一定能釀造出不輸給世界的葡萄酒。」雖然也有其他人這麼說，卻不是出自真心；只有麻井是十分認真地這麼說。

那時城戶發了傳真給人在法國，無法參加麻井最後那場葡萄酒會的大學學弟。

> 麻井先生是日本葡萄酒之父，我們這些年輕的釀造者就像他的孩子。父親

為了讓孩子出人頭地，已經做好了準備。

任職於主力酒莊五一葡萄酒的城戶，參與了麻井的葡萄酒會後決定獨立。不是以第二代的身分，也不是以鉅額資本為基礎的公司，而是以家族經營的酒廠獨立，當時幾乎沒有這樣的事。

城戶心中的遺憾是，當初讓麻井喝的是當時任職酒莊的葡萄酒，他希望能夠讓麻井看到自己獨立後，真正親手釀造的葡萄酒。

內心彷彿破了個洞的曾我，甚至覺得「我就像小鬼頭一樣，只是受到麻井的稱讚而開始釀造葡萄酒吧」。

曾我家是代代相傳的酒廠，他是第四代。不過，原本是以「蘋果酒」起家的酒廠，主要商品是以巨峰等生食葡萄釀造的葡萄酒，以及梨子或藍莓等水果酒。自家的小農田只有栽種巨峰等生食葡萄，完全沒有釀酒葡萄。

曾我與極力反對的父親大吵過後，仍然進行開墾栽種釀酒葡萄，全心致力農務。他的父親大發雷霆地說：「我不是想讓你成為農家才讓你去念研究所的。」

而且，他和弟弟也為了釀造葡萄酒的方針屢起衝突，即便如此他還是持續栽種。曾我將自己的心境比擬為「巴羅洛男孩」（Barolo Boys）的艾立歐・阿塔列（Elio Altare）。

巴羅洛是義大利具代表性的知名葡萄酒產區，巴羅洛紅酒自古以來被稱為葡萄酒「酒中之王，王者之酒」，特色是強烈的酸味與澀味，適合長期熟成，散發皮革般的動物系氣味。不過，自一九七〇年中期起，由於缺乏果味的粗糙滋味與必須等待熟成而人氣下滑。為了尋求改革，以艾立歐・阿塔列為中心的年輕釀造者彼此交流，改用在布根地學到的方法。減少收成量使葡萄味道變得濃縮，釀造方面也花心思在果皮的釀造泡皮。同時捨棄以往被細菌汙染的大木桶，改用小橡木桶進行熟成，提升果實的濃縮感，做出能夠盡早享用的美味葡萄酒。

然而，艾立歐和重視傳統的父親起了激烈的衝突。他進行摘除青澀狀態的葡萄，提高剩餘葡萄串品質而進行的綠色採收（green harvest）。這個地區沒有人這麼做，父親為此勃然大怒。而且，他還將父親剪枝後剩下的枝條全數剪掉，甚至為了改變父親以往使用大木桶釀酒的做法，用電鋸鋸碎木桶。震怒的父親生前在遺書中寫下將葡萄園的繼承權給姊姊，和兒子斷絕關係。直到父親去世前，這對父子都沒有和解。即便如此，艾立歐仍持續釀造葡萄酒。

改革總是伴隨著痛苦，那是無法獨自完成的事。艾立歐能夠達成激進的改革是因為和馬克．德格拉西亞（Marc de Grazia）等同伴擁有相同的夢想，彼此交流。帶起新風潮的他們被稱為「巴羅洛男孩」，名聲響遍全球。

與岡本、城戶等人之間的切磋交流也成為曾我的原動力，那不是以同志間的互助互勵這些美言就能道盡的。

這三個人成為日本葡萄酒業界發起激烈革命的旗手。

曾我的葡萄酒在盧布爾雅那（Ljubljana）國際大賽等多項競賽中獲獎。透過盲品決定的全日空頭等艙酒單也出現了曾我的卡本內蘇維濃，獲得極高評價。

岡本的葡萄酒曾獲選為二〇〇八年北海道洞爺湖高峰會的指定用酒，東京的法式餐廳「Tateru Yoshino」（吉野健）、京都最一位難求的餐廳之一草喰中東、東京柏悅酒店和東京香格里拉飯店等多家知名餐廳都有岡本的葡萄酒，這是他從未想過的事。此外，在米其林指南獲得三星的餐廳「Quintessence」（精粹）主廚岸田周三也盛讚他的葡萄酒。在勝沼相當於引導者的麻井愛徒、中央葡萄酒的三澤茂計社長說「他的心態是釀造葡萄酒的原點」。另外，法國二星餐廳的主廚以及自然派葡萄酒先驅馬賽爾・拉皮耶（Marcel Lapierre）、菲利浦・帕卡雷（Philippe Pacalet）等人，也對他的葡萄酒讚賞有加。

城戶的葡萄酒一推出立即售罄，足見人氣之高。未釀成的葡萄酒光是預約，在發售日當天就賣到一瓶不剩。因為沒有庫存，設下一個人限購幾瓶的限制，也幾乎拒絕想經銷的酒行。

麻井宇介過世後，三人將自己類比「巴羅洛男孩」，自稱：

「我們是宇介男孩。」

第一章

三坪大房間裡的一群酒癡

足足兩小時，三坪大的房間內只聽到鉛筆寫個不停的聲音。沒有人開口說一句話，這群人和擺在地板上的七杯液體認真拚搏。就像在考試，又不是那麼一回事。

這是在岡本家舉行的葡萄酒友會，大家圍坐在狹窄的地板上，因為沒桌子，只好把酒杯擺在地板上。

一九九四年，在岡本能將甲府平原一覽無遺的公寓房間裡，五位同好每月一次進行聚會，包括了岡本、城戶、曾我，以及岡本研究室的學弟鈴木剛、城戶的學妹水上正子。鈴木和水上從山梨大學畢業後，鈴木進入中央葡萄酒工作，水上任職於食品公司富士發酵，但水上無法放棄釀造葡萄酒的夢想，隔年轉職到丸藤葡萄酒。岡本、城戶是山梨大學研究所碩二生，曾我是碩一生。

大家合資，喝著感興趣的葡萄酒，彼此交流意見。會費是每人一萬日圓，取名為「葡萄酒友會」。

每次聚會都會喝一般大學生喝不起的知名葡萄酒。通常是喬治・胡米耶酒莊「邦馬爾特級園'89」（Georges Roumier Bonnes Mares Grand Cru）、梅歐・卡慕賽酒莊「梧玖特級園'88」MeoCamuzet Clos de Vougeot Grand Cru）等布根地特級園或一級園的葡萄酒。水上任職的食品公司也從事進口事業，所以聚會經常有她用員工折扣買來的布根地葡萄酒。

不過，這群人的手頭並不寬裕。從家裡給的少許生活費中勉強湊出費用，為了節省伙食費，晚餐只吃能量棒，總是穿同樣的衣服，對葡萄酒卻很捨得花錢。所幸當時葡萄酒的價格比現在便宜，波爾多一級酒莊或布根地特級園的葡萄酒一瓶約一萬日圓就能買到，如今價格已翻漲數倍。

他們的葡萄酒友會和享受葡萄酒的品飲酒會完全不同，沒有人閒聊，像是要用盡自己所知的一切與感受去試飲葡萄酒。彼此認真投入其中，氣氛宛如遵行緘默法則的修道院。

兩小時過後，法則解除，交談的內容全都是關於葡萄酒的評論。

「這個苦味是不是榨汁過頭引起的啊。」

「有氧化的感覺，大概是二氧化硫比較少吧。」

「悶悶的氣味或許是發酵溫度太高了。」

他們經常進行激烈的討論，聚會直到深夜，談論的內容總是當天選的那幾瓶葡萄酒。

有時不只五人，他們也會邀請客人加入，像是酒行老闆、喜愛葡萄酒的大學教授、在勝沼擁有酒廠的社長等，在三坪大的房間共同參與酒友會。

某次聚會，大學校友、美露香酒莊釀造負責人味村興成的參加成為一個轉機。

「這是揮發酸（volatile）吧。」

他一下子就發現了揮發酸，讓眾人感受到「不愧是釀造專家啊！」

他們找不出那樣的氣味。

自從那次之後，原本只是隨意說出自己意見的評論，變成以「釀造」為觀點的內容，討論的對象變成葡萄酒的香氣或味道是如何釀造出來的。

因為看到酒瓶容易想起葡萄酒，岡本捨不得丟掉那些空瓶，全都留下來。房裡逐漸堆滿空瓶，空間變得越來越狹窄，占據了房間的四分之一。

「有一群很誇張的葡萄酒癡喔！」

他們這群人的事傳遍校內，就連酒廠聚集的勝沼或葡萄酒業者也有耳聞。

「歡迎會怎麼會在燒烤店喝日本酒……。」

一九九三年，進入山梨大學研究所發酵化學研究設施（現為葡萄酒科學研究中心）的岡本感到錯愕不已。既然是研究葡萄酒的研究所，學生應該也都是喜歡葡萄酒的人，但幾乎沒人喝葡萄酒。的確，在當時和現在不同，社會上喝葡萄酒的風氣並不普遍。但是，大學裡沒有「葡萄酒友會」，為何會有「日本酒愛好會」？原本想到此尋找能夠談論葡萄酒的同伴，看來是找不到了。

（我是不是來錯地方了。）

因而加深了他想要盡快前往加州的決心。

一九七〇年出生於愛知縣豐橋市的岡本，生長在父親是技師、母親是家庭主婦的單薪家庭，是三兄弟之中的老么。

岡本的母親說：「如果抓到蝴蝶，他會把花一起放進昆蟲觀察箱裡。」

對當時流行的生物科技有興趣的岡本，進入明治大學農學院農藝化學系就讀，畢業後來到山梨大學研究所。他是為了要去以研究葡萄酒知名的加州大學戴維斯分校留學，才做了這樣的選擇。當時以研究葡萄酒著稱的大學有法國的波爾多大學、德國的蓋森海姆（Geisenheim）葡萄酒大學、美國加州大學戴維斯分校。而山梨大學橫塚弘毅教授的研究室可以說是美國戴維斯市的美國釀酒與葡萄栽培學會（ＡＳＥＶ）的日本分部。岡本心想在那裡也能蒐集到國外的資訊吧。

（我要學習葡萄酒，將來想從事販賣葡萄酒的工作。）

岡本心中描繪著這樣的未來。於是，大四的春天他去拜訪橫塚教授。教授為他介紹山梨大學的釀造設施，並且說：

「你要不要來這裡待一年看看。把學籍設在這裡，我派你到戴維斯，這樣也能取得這裡的學位，不錯吧。」

打從入學當天，岡本就在研究室過夜，熬夜進行研究。

（我要花一年的時間寫完碩士論文，隔年去留學。）

內心焦躁不已的岡本會連續好幾天在研究室閱讀論文直到深夜，進行實驗，他總是留到最後，經常在大學過夜。

樓下研究室也有一個會留到很晚的男生，擁有健身般的結實體魄和彎彎的粗眉，令人印象深刻，眼神一貫的沉靜平穩，他就是城戶。

城戶和岡本一樣出生於一九七〇年，來自愛知縣豐田市，一樣也是三兄弟中的老么。父親是保險公司的職員，母親經營保險代理公司。父親起初想從事種米或蔬菜等農業，可是那樣難以維持生計，所以來到城市打拚。

雖然豐田市有許多人在ＴＯＹＯＴＡ或相關工廠工作，但他決定「我絕對不要在工廠工作。我要做只有我能做到的事」。

某天他去參觀大學，知道了山梨大學擁有日本唯一的葡萄酒研究設施，覺得很新奇有趣，所以進入山梨大學工學系。明明沒喝過葡萄酒，他就是不想和大家做相同的事。

大二時，德國旅行回來的朋友買了世界三大貴腐酒之一的逐粒枯萄精選貴腐酒（Trockenbeerenauslese, TBA）送給他，那是他從未喝過的味道。

（真的好好喝，世界上有這樣的葡萄酒啊！）

大三尾聲必須選擇研究室，葡萄酒或葡萄相關的研究室有三個，城戶選了研究葡萄酒微生物的課程，岡本進入多酚等葡萄酒成分的研究室。另一個研究室是研究葡萄的培育。

當時城戶並不認為「葡萄酒是農業」，他覺得相較於葡萄，釀造才是葡萄酒的重點。畢業論文的主題是「關於紅酒釀造的乳酸菌分布」，他試著釀了小瓶紅酒，第一次看到酒精發酵的葡萄酒，見到酵母活動的樣子後，實際感受到葡萄酒是有生命的東西。

（眼睛看不到的酵母到底是什麼？是動物嗎？還是植物？）

雖然喜歡喝葡萄酒也喜歡葡萄酒的味道，但他更想投入釀造工程，決定進入研究所。

不過，在研究室為了實驗喝葡萄酒，大家的評論彷彿例行公事，沒有想積極了解葡萄酒的人。

櫻花差不多掉了一半的四月某日，在研究室前的草皮鋪上墊子，舉行「迎新草地派對」，第一次見到岡本的城戶心想「都市人果然就是不一樣」。身材高䠷、手腳修長，頂著電視上看到的流行髮型和打扮，岡本細長清秀的雙眼充滿認真的光芒，開口第一句便是：

「我喜歡葡萄酒，因為想學習葡萄酒才來到山梨。」

城戶開心地想要大叫。

（終於遇到一直在尋找的葡萄酒同伴了！）

對岡本而言也是如此，兩人很快地就意氣相投。

「我們來辦葡萄酒友會吧。」

他們知道彼此都會研究到深夜，城戶結束研究後，每晚都會到樓上的研究室找岡本。

「岡本，來喝酒吧。」

教授下班後，沒有人的深夜研究室，他們拿出合資購買的葡萄酒，用紙袋包住酒瓶，反覆進行盲品。

城戶開口說話前會謹慎思考，斟酌一字一句，所以他的話不多，但每句話都很有份量，是值得信賴的人。對岡本來說，城戶是第一個能夠談論葡萄酒的對象。即使也有喜歡葡萄酒的人，但他從未遇過光是針對一瓶葡萄酒便能聊上整晚的人，且不會賣弄知識或說些來路不明的傳聞，而是以未來化學家的身分說出「你覺得這個香氣是從何而來？」像這樣正面實用的話，他們可以一聊就是好幾個小時。

如今岡本擁有自己的酒莊，以栽培釀造者的身分釀造葡萄酒，但能夠暢談葡萄酒的人只有城戶，還有後來認識的曾我，以及美露香酒莊的安藏光弘。儘管遇過許多葡萄酒釀造者、葡萄酒記者、知名侍酒師、酒行業者等葡萄酒業界的相關人士，對他來說還是只有他們三人。

隔年，曾我加入岡本的研究室，曾我也是來自明治大學農學院。

進入山梨大學之前，曾我曾經寫信向岡本諮商。他有著一雙細長眼睛，長相討喜。儘管家中經營酒廠，他卻沒有擺架子，說話很有禮貌。岡本很佩服他的行動力。

城戶最初遇見曾我，是曾我還在明治大學就讀時。他來參加葡萄酒學會，告訴他：「明年我會去山梨大學。其實我家是酒廠。」雖然都是初次見面的山梨大學學生，曾我也跟著去聯歡會，還參加了續攤。

「其實我酒量很差啦。」

儘管馬上就喝醉睡著卻不打算離開，讓人覺得他很有毅力。沒多久曾我也加入了「葡萄酒友會」。

（好像闖進大都市的鄉下大叔喔。）

在岡本的邀請下參加葡萄酒友會，曾我起初被高額的會費嚇到。更令他震驚的，是完全聽不懂前輩們在說什麼。法國的波爾多排名或布根地葡萄園的名字或生產者、地區可能產生的顏色或品種等，他根本一竅不通。即使是酒廠的兒子，他從未好好品嘗過葡萄酒。

「好像我爸用的香港腳藥的味道。」

對於在葡萄酒友會喝到的喬治．胡米耶酒莊的邦馬爾特級園，他寫下這樣的評價。梅歐．卡慕賽酒莊的梧玖特級園則是「這是我第一次喝黑皮諾，味道雖然淡，但不只有澀味，可以感受到各種味道」。曾我可說是稱不上喜歡葡萄酒的門外漢。

所以，在葡萄酒友會曾我總是難以說出自己的評論，通常是靜靜地聽別人說。而且，輪到他挑選葡萄酒時，缺乏自信的曾我都是請前輩們代為選購，從未自己挑選。曾我的酒量也很差，喝一瓶啤酒就會飄飄然。該怎麼辦才好，他覺得自己的存在很突兀。

起初有各式各樣的人進出參加，因為無法融入嚴肅的氣氛，大家漸漸疏遠，最後變成加上岡本學弟鈴木剛與水上正子的五人組。

說到無法融入，其實曾我也有相同的感受。不過和那些人不同，他一心只想著不要輸給前輩，大量閱讀圖書館裡積了灰塵沒人看的過期葡萄酒雜誌，勤做筆記累積知識。

葡萄酒友會幾乎都是在岡本家舉行，有時也會辦在甲府市內的餐酒館。曾我出生以來第一次吃到法國料理，覺得很感動。

（這也太時髦、太好吃了吧！）

研究所二年級的冬天，曾我趁著聖誕節煞有其事地約女友去了那家餐酒館。他心想「因為葡萄酒友會來過幾次，我已經習以為常了」，結果卻因為緊張到手發抖，拿著刀叉不斷在盤子上發出碰撞聲。

雖然重考一年，曾我和岡本、城戶是同屆生。一九七一年出生於長野縣小布施町的酒廠，家中都是男孩，他是三兄弟中的老大。

他是大四的時候知道了岡本這個人，在老家看到一年前的學會刊物上出現了明治大學農藝化學系的人的名字。

（我們學校也有這樣的人啊。）

明治大學沒有人加入葡萄酒相關學會，於是曾我下定決心寫信給岡本。

到了大四，曾我沒有開始找工作，也沒有決定好將來的出路。

曾我的父親一直對他說「反正你給我去法國」，曾我還小時，父親向銀行貸款，和同伴一起造訪法國的酒莊。那趟經歷讓他見識到和日本截然不同的葡萄酒釀造方法。

「羅曼尼康帝雖然小，卻是世界最有名的酒莊。你也要以那個為目標喔。」

「去布根地看看別人是怎麼發展家族經營的。」

高中時期，父親也不是叫他念日本的大學，而是要他去法國，但他斷然拒絕，進入明治大學。不過，父親告訴他之後是真的要去法國了。

然而，曾我大學四年都在打網球，連葡萄酒的基礎都不知道。

正當他不知如何是好時，遇見了岡本，也向岡本的指導教授橫塚諮商。橫塚教授問了曾我幾個關於葡萄酒的基礎知識，但他完全答不出來。

「你這樣沒辦法去法國，來山梨大學吧。」

曾我自己也知道必須繼承家業，一定得學習葡萄酒。儘管要他去法國的父親反對，他依然堅持靠自己拿到日本育英會的獎學金，進入山梨大學就讀。

對曾我來說，岡本是很帥氣的前輩，對葡萄酒瞭若指掌，外表也瀟灑幹練。他總是戴著黑色皮帽、身穿大衣，圍著紅色圍巾。

（我也想變成那樣。我要好好努力跟上前輩。）

曾我下定決心，在研究到深夜的岡本離開研究室之前，自己也不離開，一直跟在他身邊總能偷學到什麼吧。

「在日本釀葡萄酒的人都是傻瓜，因為日本種不出好的葡萄啊。」

「若要經營酒廠，在加州種葡萄，運到港口附近釀造，做出能夠大口暢飲的葡萄酒。」

當時的岡本經常這麼說，他從未想過自己將來會在日本種葡萄。他們三人之中，想法改變最多的就是岡本了。

這時岡本和城戶還沒有想成為葡萄酒釀造者的念頭，但曾我卻已有著強烈的使命感。

「日本一定能種出好葡萄，釀出好葡萄酒。」

曾我總是漲紅著臉加以反駁。體育系出身、對前輩絕對服從的曾我聽到日本的葡萄酒被否定，總會有種好像自己的老家也被否定的感覺。

「可是啊曾我，日本只能做出不怎麼樣的葡萄酒，事實就是如此啊。」

從沒想過要在日本釀造葡萄酒的岡本，遇上要在日本釀造葡萄酒的曾我，兩人經常激烈爭辯。

岡本和曾我的指導教授也這麼說：

「日本沒辦法種釀酒葡萄，在日本釀葡萄酒是行不通啦。」

幾乎沒有相關的論文，橫塚教授的想法是當時大眾的普遍意見。

（不甘心、不甘心、我不甘心）

曾我對上學變得提不起勁。

（即使待在這樣的學校也釀不出好葡萄酒。）

然後，一九九五年一月，他們第一次見到麻井。不是麻井本人，而是他釀造的葡萄酒。那瓶酒改變了他們的人生。

葡萄酒友會的成員以「日本葡萄酒現況」為主題策畫了一場葡萄酒會，進行只用日本種植的釀酒葡萄釀造的葡萄酒，以及國外知名產地紅酒的盲品。卡本內蘇維濃的部分準備了Suntory Chateau Lion「登美」、美露香酒莊「城平卡本內・蘇維濃」等四種。梅洛的部分是城戶就職的五一葡萄酒，以及美露香酒莊「桔梗原梅洛」。

國外的葡萄酒是波爾多的波美侯（Pomerol）、聖愛美濃等風味強烈的葡萄酒。

（日本葡萄酒很快就會被找出來吧。）

城戶、岡本和曾我都是這麼想。

共計約十瓶葡萄酒一字排開，大家進行投票，從不好的名次依序揭曉葡萄酒的品牌。原以為日本葡萄酒全部都會最先出局，事實上並非如此。

最後剩下三瓶酒。

「這當中有一瓶是日本葡萄酒，真令人不敢相信。」

城戶驚訝地瞪大雙眼。

那是美露香酒莊的桔梗原梅洛。

「這個很讚，只要有葡萄園，我們也能釀出這樣的葡萄酒不是嗎？」

曾我感到很興奮。

「日本也能釀出這樣的葡萄酒啊！」

岡本察覺到自己的偏見，逐漸相信日本土地的潛能。

三人一起在合作社購買的同款紫色背包變得鼓鼓的，裡面裝著日本的葡萄酒和試酒杯，以及富士山的明信片。

他們買了聯合航空繞行美國最便宜的廉價機票，花了二十個小時終於抵達法國。從一九九五年三月展開約一個月的緊湊旅程，在香檳區住一晚，布根地停留兩週，波爾多待一週，然後到美國的納帕郡（Napa County）三天。

岡本和城戶都是第一次出國，他們向父母預借了約三十萬日圓的旅費。

聽到他們打算以參觀法國的葡萄園當作畢業旅行的計畫後，曾我也說「我想一起去」。曾我心想：「小氣吝嗇的我居然會向父母借錢去旅行，自己都覺得不可思議。」儘管如此，他還是坐立難安，想跟著去。

那裡會是怎樣的土壤，陽光是如何照射，種植了怎樣的葡萄樹呢？是哪些人在種葡萄呢？真的好想去，好想親眼看看，這不是毫無理由的衝動行為。

他們沒在巴黎停留，先搭乘法國高速列車（TGV）前往香檳區。TGV的座位必須預約，不知情的他們直接上了車，被車掌收了類似罰款的附加費用。即便如此，他們在車廂裡馬上打開事先買好的葡萄酒。

香檳區正處於狂風暴雪中。

他們打電話給喜愛的泰廷爵（Taittinger）表示想要參觀，對方卻以「不會說法文就沒辦法」拒絕。

雖然岡本和曾我學過一點法文，卻不是能夠溝通的程度，城戶更是全然不懂。

「以後我們絕對不要喝泰廷爵喔。」

三人就此約定。城戶從那時候到現在沒喝過一次，岡本和曾我則早已忘了那件事……。

「不預約不行吧。」

「也有人沒預約就上車啦。」

「那好吧。」

前往布根地的ＴＧＶ，他們又草率地沒預約就上車，然後又被收了附加費用。就算沒先買車票，葡萄酒一定準備好。在ＴＧＶ的狹窄座位，他們打開了酩悅香檳（Moët & Chandon）和約瑟夫・杜亨酒莊（Maison Joseph Drouhin）特級園的夏姆・香貝丹（Charmes-Chambertin）。就連法國人也很少看到會在火車上喝高級葡萄酒的人，而且還是穿著皺巴巴襯衫、背著背包的青年，在搖搖晃晃的車廂裡用試酒杯裝著葡萄酒，緩緩地嗅聞氣味，轉動酒杯的模樣，看起來真的很奇特。

抵達布根地後，他們租了車，去參觀意指「黃金山丘」的世界頂級釀酒產地金丘（Côte d'Or）斜坡上，一望無際的葡萄園。

「你的葡萄酒在日本也很有名。我們想學習葡萄酒，請和我們見面。」

布根地有從栽培葡萄到釀造葡萄酒一貫作業的酒莊（Domaine），他們在日本先用英文寫信給想造訪的三十家酒莊老闆，然後買了十瓶甲州品種葡萄釀造的丸藤葡萄酒「魯拜特詩集」（Rubaiyat）當作伴手禮，在研究室分裝成二十支半瓶（375ml），貼上自製的大學標籤。

這趟從北到南的特級園之旅，是從夜丘（Côte de Nuits）的哲維瑞香貝丹（Gevrey-Chambertin）開始的。

他們一手拿著休·詹森（Hugh Johnson）描繪葡萄園詳細地圖的《世界葡萄酒地圖》（*The World Atlas of Wine*），造訪哲維瑞香貝丹最厲害的釀造者阿曼·盧梭（Armand Rousseau）。盧梭原本是向酒商（négociant）販賣葡萄的農家，後來自己一手包辦栽培和釀造葡萄酒，成為在酒莊內裝瓶的先驅。這時候，阿曼已經過世，由他的兒子查爾斯接手經營。

「我不知道你們幾點要來，從早上等到現在。」

他看了三人寄來的信很感動，但因為內容是英文，他只看得懂日期，不知道時間。不過，想到他們特地從日本來訪，還是覺得很開心。

「只要知道 Bonjour（你好）就可以了吧。」

查爾斯笑了，他主動將新收成年份、尚未裝瓶的葡萄酒從木桶裡舀出來讓他們喝。

「咦，怎麼那麼不好喝？經過一年的熟成，味道會有這麼大的變化嗎？」

曾我不禁大聲地說出來。

盧梭對他們來說是不輸給任何明星的英雄，這位在雜誌上華麗登場的大人物竟如此親切地迎接他們的到來。而且，身穿雪花圖案毛衣的盧梭邊說「拿去吧！」邊把特級園的「熱夫雷香貝丹」當作伴手禮交給他們。

不過，盧梭是受到全球葡萄酒迷熱切關注的知名酒莊莊主，收到平凡日本學生的信為何會那麼感動呢？

況且，願意見像他們這樣沒有事先預約的觀光客是很罕見的事。後來，曾我到法國學習時也去過酒莊，別說是受到款待，就連預約也很困難。即使預約後去了，對方也經常佯裝不在。他們後來才發現，聯絡雜誌中出現的莊主，對方就會願意見面這種想法是天大的誤解。

被拒絕是因為日本人禮數不周，光是試飲卻不買葡萄酒。不過，他們三人到了造訪的酒莊都會開心詢問對方「這個可以賣給我嗎？」，買下最貴的葡萄酒。所以背包日漸膨脹，裝了十瓶以上的標準瓶（750ml）葡萄酒。

幸運的是，他們去的時候是較閒暇的冬天，加上他們的信充滿熱情。不過，之後發生的事也令人覺得，應該是酒神巴克斯（Bacchus）帶給他們的幸運吧。

告別盧梭後，他們去了菲利浦勒克萊爾酒莊（Domaine Philippe Leclerc），中午在鎮上的酒吧喝紅酒，然後前往塞芬酒莊（Domaine Christian Serafin）。然而即使看了導覽手冊，因為鄉下的房子都很像，不知道要找的地方到底在哪裡。後來，他們不經意發現有戶人家的門口擺著塞芬酒莊的空瓶，帶著忐忑不安的心情按下門鈴，有位重聽的老婦人出來應門。不管說什麼都不通，也許對方不懂英文，他們索性將法文導覽手冊的「請問廁所在哪裡？」的「廁所」換成「塞芬」，試著問了一遍。

於是，那位老婦人以高亢的聲音朝著家裡喊著：

「克里斯汀！克里斯汀！」

她正是克里斯汀・塞芬（Christian Serafin）的母親。「歡迎你們！」身穿褐色格紋背心、頭戴鴨舌帽的克里斯汀帶他們去參觀酒窖，當場賣給他們貼上酒標的夏姆・香貝丹。

經過葡萄園時，有人正在修剪。

「請教教我們怎麼修剪。」

他們好奇地開口詢問。

「好啊。」

那個人不知為何不是在自己的葡萄園，反而走到隔壁的葡萄園示範給他們看。布根地的葡萄園分得很細，隔壁的地主另有其人。儘管如此，那個人還是硬闖進田裡修剪，把葡萄枝折斷了。大家面面相覷，大笑落跑。

然後，他們到了最想去的馮內侯瑪內村（Vosne Romanée）。

首先去到羅曼尼康帝酒莊的葡萄園，撿起掉在地上的白色石子。

不過，葡萄園有別於他們的想像。

「咦，怎麼會這樣？」

「土壤的排水性很差，簡直是一片泥濘。」

日本常被說因為排水性很差，不適合栽種釀酒葡萄。可是，就連布根地世界最頂級的羅曼尼康帝酒莊的葡萄園，在雨後也變得泥濘不堪，甚至出現水窪，不是他們想像中那種排水性良好的土壤。然而，只要釀造者努力還是能夠釀造出偉大的葡萄酒，他們彷彿得到了勇氣。

人稱布根地酒神的亨利・賈伊（Henri Jayer）不在，也找不到令他們極為感佩的亨利之兄路西安・賈伊（Lucien Jayer）的家。他們重振精神，前往安德烈・卡特亞德（André Cathiard）這位釀造者所在之處。在日本喝了他的葡萄酒受到感動後，心想有機會一定要去拜訪他。

卡特亞德是非常直爽的老人家，他招呼他們到酒窖旁的自家廚房，打開一級的波爾多，和他們聊了約莫一小時。雖然他們說英語，卡特亞德說法語，彼此似乎能夠溝通得上。

在尚・格里沃酒莊（Domaine Jean Grivot），其子艾蒂安（Étienne Grivot）是莊主，身穿大紅色外套的莊主夫人帶他們參觀酒窖。畢業於布根地大學的她，在葡萄酒方面有很深的造詣，就算莊主不在場也能夠回答任何問題。

「這是日本甲州葡萄釀的葡萄酒，請您喝喝看。」

莊主夫人見到那瓶葡萄酒，態度驟變。

「艾蒂安！快出來招呼客人。」

傭人搬運著葡萄酒的酒渣，散發出的強烈氣味，讓人想像不到是黑皮諾。

他們在白酒的知名產地伯恩丘（Côte de Beaune）借了腳踏車巡遊酒莊。

「原來白葡萄園和紅葡萄園的外觀其實沒什麼差別。」

從以高登－查理曼（Corton-Charlemagne）特級園聞名的高登丘（Colline de Corton）俯視葡萄園，城戶由衷發出感嘆。

在這趟精省的貧窮之旅期間，三人住在只有兩張單人床的房間。這麼一來，其中一人就得睡在地上。雖然是以猜拳決定，每次都是曾我睡在地上。

「岡本好像可以讀懂我的心。」

曾我心中如此確信。

因為也要減少餐費，他們坐在圓環路上吃法國麵包和起司配葡萄酒。「這就是法式吃法啦」，邊說邊把法國麵包擺在地上吃了起來。

在正式的餐廳吃飯只有兩次，其中一次是在伯恩丘街上的餐廳。

他們在葡萄酒雜誌《*Vinothèque*》讀到有位年輕的日本廚師在那家店學藝，於是寫了信給那位素未謀面的廚師，打算去見他。對方就是在東京西麻布經營法國餐廳 Le Bourguignon 的菊地美升。當晚，他們在菊地寄宿的公寓喝了葡萄酒，隔天菊地休假，所以帶他們到處逛酒莊。

他們最想見到的白酒釀造者是夏多內的名人米歇爾・尼隆（Michel Niellon）。經常是厚雲籠罩寒冷陰天的布根地，那天晴空萬里，暖和得可以脫掉身上的大衣。他們去了位在夏山－蒙哈榭（Chassagne-Montrachet）的酒莊卻沒半個人，只好放棄參訪葡萄園。緩坡的葡萄園相當遼闊，沒有任何阻礙，看起來一望無際。一塊葡萄園是十公頃，周遭幾乎沒有半個人影，只有車子行駛，那景象讓人想起遠方的國道，葡萄園一片靜寂。

「這裡是尼隆的葡萄園啊。」

他們摸了摸土壤，原本想像是石灰岩般的白色土壤，結果卻是到處都有的紅土。抬起頭，遠處的田間小路出現在雜誌上見到的那個人，穿著工作服正與人聊著天。

「那個人，說不定就是尼隆。」

三人立刻跑了起來，正午的陽光照在葡萄樹上，拉出短短的樹影。捲髮禿頂、身材魁梧的初老男性正把東西裝在曳引機後。

「啊，你們不是在信裡說要來的前一天會打電話，可是沒打來啊。」

「請問您是尼隆嗎？」

「我是啊。」

「您在做什麼呢？」

「我在運肥料啦，歡迎你們來。」

尼隆邊說邊讓三人坐上車子，載著他們前往釀造所。出乎意料的是，那裡很簡陋，只有老舊的冷氣設備。

一直很想見到尼隆的三人不斷追問，像是「您是用發酵槽還是發酵桶呢？」「您有用酒泥陳釀嗎？」（譯注：酒泥是指葡萄酒產生的沉澱物質，具有極佳吸附性，可有效吸附葡萄酒中的雜味物質。）

不過，因為尼隆只會說法語，複雜的內容由女婿用英文翻譯，尼隆有些不甘願地拿出最先進的電子字典，用了那個總算能夠說上話。

尼隆讓他們試飲的木桶葡萄酒驚人的好喝，但那竟是放在半地下，幾乎等同一樓的地方讓葡萄酒熟成。

「您的夏多內為什麼那麼好喝呢？」

岡本開口詢問。尼隆的葡萄酒在日本是賣到數萬日圓的高級品，尼隆理所當然似地回道：

「Soleil。」

太陽。人類只是幫手，其實是大自然在培育葡萄。

那真是令人驚訝的回答。對他們來說，高級葡萄酒是經過精心釀造，溫度管理或酵母等的操作很重要。而且，布根地的偉大釀造者在日本被神格化成有如藝術家的地位。

然而，實際見面後發現，釀造出世界最頂級白酒的尼隆，卻是穿著有點骯髒的灰色工作服，泰然自若地與大自然共處，毫不在意簡陋的釀造設備。葡萄酒的釀造者不是藝術家，而是農家。他們不是創造作品，而是把釀葡萄酒當作生活的一部分，在土地上扎根，持續守護著葡萄的生長。

逛完整個布根地，了解到釀造者的自豪與骨氣。即使談了兩小時，各自只買了一瓶酒，那些釀造者卻沒有一絲嫌惡，面對語言不通的日本年輕人，認真回答他們接二連三的提問。三人都感受到他們對自己釀造葡萄酒的驕傲與思想。

還有那片廣闊的特級園。

當時他們還沒想過要自己種葡萄，所以也沒有想到要參考對方的技術。但比起那些，能夠親臨現場見到對方是更令他們開心的事。

城戶至今仍不想忘記自己當時的心情，把在田裡撿到的白色石頭放在客廳。岡本和曾我也將石頭收在放重要物品的箱子裡。

三人離開布根地前往波爾多，他們選擇了觀光手冊上說明可安排參觀酒莊的旅館投宿。

可是，波爾多只有老套的觀光行程，不像在布根地能夠和釀造者有深入的交流，聽到的說明也都是已經知道的事。

「岡本，這個怎麼樣？」

待在法國的最後一天，他們順路去了波爾多有名的葡萄酒專賣店。很少主動表達意見的城戶選的是波爾多一級酒莊中排名第一的拉菲堡'81。儘管極力縮減餐費或住宿費，他們在布根地酒莊逐一買下的葡萄酒，已經用盡旅費的預算。

一看價格相當於三萬日圓，以學生的身分來說，在日本也沒買過這麼貴的葡萄酒。

「我們已經沒錢了啦。」

岡本這麼說，而城戶罕見地堅持己見。

「已經是最後一晚了。」

既然城戶這樣說，最後三人決定合資買下那瓶酒。

在他們投宿的旅館有位長住約一個月的日本葡萄酒迷，看到他們買了拉菲堡後，似乎把這件事告訴旅館老闆。

老闆打了電話到房間。

「如果方便的話，要不要聊一聊？」

「我們在寫信給朋友沒辦法。」

老闆依然不肯罷休。

「地下的酒窖有一九二〇年的葡萄酒喔。」

反正一定喝不起，他只是想把我們騙過去，就為了得到拉菲堡。三人待在房裡邊聊邊喝起葡萄酒，那是迷人且華麗的優美葡萄酒。

以往都是喝水上公司進口業者買來的布根地葡萄酒，很少喝波爾多的葡萄酒。

「原來有這麼好喝的葡萄酒啊！」

曾我很感動，但可能是感冒惡化，他很快就睡著了。因為他生病了，這天他們沒有猜拳，曾我第一次睡在床上。

隔天他們搭乘聯合航空前往舊金山，在飛機上，他們還是喝著葡萄酒。

他們造訪了聖十字山產區（Santa Cruz Mountains）的瑞脊酒莊（Ridge Vineyards），前往以「一號樂章」（Opus One）聞名的羅伯蒙岱維酒莊（Robert Mondavi）。他們在約莫半年前的學會活動和羅伯蒙岱維的副社長變得親近，向對方表示未來想去參觀。到了那裡，看到對方為了表示歡迎，在酒廠玄關的桿子升起日本國旗覺得很感動。

岡本就讀明治大學時，打工職場的前輩齊藤正在舊金山的餐廳擔任經理，所以他們也打算去見他。

三人透過這趟旅行都得到很大的收穫。

但在此之前，反覆喝葡萄酒的體驗，使他們意識到釀造不是船到橋頭自然直那麼一回事。不過，見到世界知名酒莊的老闆穿著工作服站在葡萄園，以及葡萄園一望無際的景象，加深了他們心中的確信。

「葡萄酒是不折不扣的農產品啊！葡萄園造就了葡萄酒。」

後來城戶去了以五一葡萄酒聞名的林農園工作，岡本加入有從事葡萄酒生意的食品公司FUJIKO。雖然就讀研究葡萄酒的研究所，當時幾乎沒有人到葡萄酒公司工作。因為規模小，給人不穩定的印象，所以乏人問津。優秀的人都會到味之素（Ajinomoto）等大規模的食品公司工作。隨著時代轉變，現在的葡萄酒公司成為受歡迎的求職目標，不過當時岡本他們卻被大家視為「怪咖」。

研究所畢業前的最後一次葡萄酒友會，岡本準備了瑪歌堡（Château Margaux）'79，城戶準備了羅曼尼康帝酒莊的大艾雪索（Grands Echézeaux）特級園。

林農園位於桔梗原，也就是長野縣鹽尻市。搬家前，曾我和城戶第一次對飲。

「曾我，來我家。」

城戶打開了隆河丘（Côtes du Rhône）的葡萄酒，做了加入茄子的焗烤起司義大利麵。兩人默默地吃著，總算城戶開口說：

「我來不及在清運日丟垃圾，不好意思先寄放在你家。」

兩位前輩準備展開新生活，等待著曾我的只有一堆垃圾，以及消失的桌子——休息了將近一個月去法國這件事，讓研究室的教授大為震怒，回到研究所後，曾我的桌子從研究室裡消失了。

「以後該怎麼辦才好？」

失意的曾我回到公寓，房門前是幾乎遮住門的垃圾山。不但開不了門，還因為有廚餘，散發出難聞的氣味。

在收垃圾的日子來臨前，要把這些放在哪裡好呢？

在那堆垃圾中，他看到了葡萄酒的木箱，心想那是什麼，仔細一瞧是前年的薄酒萊新酒酒箱。已經擺了一段日子的酒早已毫無價值。

「這是回禮嗎？還是這些也不要了呢？」

曾我在葡萄酒前抱頭苦思。

第二章

日本辦不到

千曲川流域的長野盆地，在當地稱為善光寺平。位處盡頭、被北信五岳環繞的小布施町，雖然人口僅一萬一千人左右，每年卻有一百一十萬名觀光客造訪。浮世繪畫家葛飾北齋曾暫住於此，當地活用歷史遺產，振興地方。

小布施酒廠也有承接遊覽車的觀光行程，主要是製造伴手禮葡萄酒。

曾我從法國旅行回來後，無法接受自家酒廠是這副模樣。法國知名的酒莊會在自己的葡萄園種葡萄、釀造葡萄酒，全部一手包辦。「葡萄酒是用葡萄釀造而成」是世界共通的常識。

然而，在日本通常是委託農家栽種葡萄，酒廠買下葡萄進行釀造的分工模式，有些酒廠還會從國外購買散裝葡萄酒或濃縮果汁（must）。所以，要讓父親理解那是理所當然的事恐怕很困難。不過，他還是很想親手栽種葡萄、釀造葡萄酒，且不是用巨峰而是釀酒葡萄。

該如何開口才好呢？曾我一想到可能會對家族帶來的衝擊就感到頭痛。但他依然抑制不住「想種葡萄」的激動情緒。

每年到了盂蘭盆節，舉辦家族葡萄酒會是曾我家的慣例。

日式房屋的中庭被主屋與釀酒設備圍繞，水池中鯉魚優游。

曾我和兩個弟弟、父母及祖父母一起參加這場家族葡萄酒會，以往每年都是各自帶一瓶酒，全是法國有名的葡萄酒。

不過，這一年除了修院歐布里昂堡（Château La Mission Haut-Brion）、侯瑪內聖維馮（Romanee St. Vivant）特級園、伊更堡（Château d'Yquem）的干型葡萄酒，還有用夏多內或梅洛、卡本內蘇維濃釀造的山形或長野葡萄酒共五瓶。曾我想讓家人知道有使用釀酒葡萄釀造的葡萄酒，他想告訴家人日本的葡萄園也能產出巨峰葡萄和果實酒以外的正統葡萄酒。

然而，他的期待落空，這些葡萄酒帶給大家的不是感動，而是「總體來說香味不明顯，味道很淡」這樣的印象。果然日本的葡萄酒還是差強人意，他感到很沮喪。

不過，曾我還是鼓起勇氣開了口：

「我想種葡萄。」

父親聽了根本不當一回事。

「你要怎麼賣那樣的葡萄酒？誰來管理葡萄？而且我不是要讓你務農才讓你去念研究所。」

「你爸說的沒錯。」母親也試著勸曾我。

從小父親就激勵曾我「羅曼尼康帝酒莊雖然小，卻是世界最有名的酒莊。你要以那裡為目標」。可是，父親欠缺了最重要的資訊——葡萄酒不是在酒窖裡釀出來，是從田裡種的葡萄而來。

（我不要那樣。去了法國一趟，我的想法改變了。從種葡萄開始釀造的葡萄酒才是真正的葡萄酒。那是濃縮了釀造者的心意，無法言喻的驚人液體。）

曾我不肯罷休。

「爸，果實酒不是葡萄酒。我想釀造真正的葡萄酒。」

曾我滿腦子都是遭前輩們否定的話，他將那股不甘心的情緒對著父親宣洩而出。

儘管如此，父親依然拒不退讓。

父親以長年經營酒廠的經驗，深切地體會到酒體厚重的純正日本葡萄酒在日本的消費市場難以銷售，所以他才會販賣甘甜的巨峰葡萄酒和果實酒。再者，日本的酒廠和葡萄栽培採分工作業，也是為了降低經營風險。況且，他們和在地農家有長久的往來。

父親之所以反對是擔心兒子即將走上艱難之路，因為他也曾經向銀行借錢，到法國遍訪葡萄園，有過釀造正統葡萄酒的夢想。可是面對高牆般的阻礙，他跨不出那一步。

在沉重的氣氛中，祖父站出來解圍。

「那我們來試試看吧，和子，好嗎？」

祖母和子隨即搖搖頭說：

「真拿你沒辦法。」

父親和祖父的年紀差不多，以血緣關係來說，祖父的妹妹是曾我的母親，祖父母生不出孩子，便將妹妹也就是曾我的母親收為養女，曾我的父親入贅成為女婿。所以，曾我的祖父其實是他的舅舅。

儘管年齡相近，因為結為親子，兩人算是很複雜的關係。如果曾我的父親是上班族倒還好，但他們必須一起從事祖業，於是大家各司其職，祖父務農、父親釀酒，一家人都不過問彼此的領域。

然而，這樣的分工默契就要被打破。應該說這個家族或許就此瓦解。

祖父在二十公畝的小農田種生食葡萄巨峰和斯特本（Steuben），小布施酒廠用那些葡萄釀酒，或購買名為善光寺的長野原種葡萄，也有釀造蘋果酒、桃子酒等果實酒。

祖母總是發牢騷：「巨峰明明賣得很貴，幹嘛做成葡萄酒。」

祖父在家中似乎經常是缺席的，他常去打麻將、打網球，成立早鳥棒球聯盟或籌辦小布施的栗蘋節等，很少待在家裡。父親為了投資酒廠設備借了一大筆錢，公司處於窮困之際時，祖父可能也沒有插手的餘地。祖父晚年擔任了八年的町會議員，找到了自己的人生意義，但那時的他才剛退休。

「為了彰彥，種葡萄是我人生最後的工作。」

即便祖父是為了孫子這麼說，內心其實是為了小布施酒廠。祖父栽種釀酒葡萄，再由父親釀造，只要種出好葡萄，父親就能釀出有別於以往的正統葡萄酒。也許這麼做才能讓家族團結一心，曾我懷抱這樣的夢想。

但現實卻是，因為葡萄園引起家族成員強烈的對立。後來母親屢屢感嘆地說「我兒子為了葡萄酒變得很奇怪」。

總之，祖父將十公畝地的巨峰葡萄全數拔掉，重新墾地。一九九六年，將夏多內、梅洛、黑皮諾、希哈（Syrah）等五百株左右的釀酒葡萄樹苗以籬架方式栽種。「籬架」是指在木柱間以鋼絲或鐵線來控制矮樹條枝的生長方向，使其能整齊向上生長的方式，也稱直線樹籬式，一棵樹大概只能長出十二串葡萄。另一方面，包含「桔梗原梅洛」在內，日本一向是採取「棚架」的生食葡萄種植法，這是日本人印象中的栽種方式。大樹的樹枝朝四方延伸，枝條下方結滿葡萄串。世界上栽種釀酒葡萄通常是用籬架，雖然收成量減少，卻能種出精華濃縮的葡萄。

隔年的盂蘭盆節，曾我的家族葡萄酒會收到城戶寄來公司釀造的葡萄酒。桌上擺著美露香酒莊「長野梅洛」和「桔梗原梅洛」。曾我寫下「我要用在小布施採收的梅洛釀出贏過這個的葡萄酒」。

到了秋天，迎來第一次的收成。因為還是幼樹，一棵樹只結了一串葡萄，卻美得教人看到入迷。

夏多內和黑皮諾是小串小顆的葡萄，希哈是大串大顆的葡萄。釀酒葡萄是小顆的葡萄比較能產生濃縮感，但祖父母根據種巨峰的經驗判斷，不停開心地說「希哈長出了好葡萄，希哈的葡萄最棒」。

自家農園種出的少量葡萄如同寶物般送往酒廠。

那是小布施酒廠作為「酒莊」的新起點。

畢業旅行打算巡遊日本酒廠的曾我，與研究所同期的友人造訪新潟縣。

雖然即將從研究所畢業，他仍未決定將來的出路，城戶和岡本都是碩二的春天就已經決定了就職地點。

在駕駛座開車的友人從四月起也要進入酒廠工作，「看看他們，我到底在幹嘛」，對未來的不安折磨著曾我，他望向車窗外即將迎接春天的新潟景色。

以往因父親強力推薦而感到排斥，但自從和前輩們一起巡遊酒莊後，他越來越想去法國學習。

在城戶和岡本畢業後，曾我將他們與莊主拍的合照，連同感謝信一起寄給造訪過的酒莊。旅行前寄出的信出自岡本之手，所以感謝信由曾我負責。

再次寫信給那些知名的酒莊，曾我請同一個研究室到巴布亞紐幾內亞留學的朋友幫忙翻譯成法文。

了解到您釀造葡萄酒的事讓我很感動，即使在大學有所學習，也釀造不出好的葡萄酒。就算沒有薪水，住在簡陋的小屋也沒關係，能否讓我到您的酒莊工作呢？

幾乎每家酒莊都有回覆，雖然全都是婉拒的內容，曾我還是期待著收到用酒莊專屬信紙寄來的回信。

他也向美國黑皮諾知名產地奧勒岡的酒莊，表達想在那裡工作的意願。拜託大學學長、美露香酒莊的味村帶他去參加國際食品飲料展 FoodEx，為他引薦了多位釀造者。他還寫信給侍酒師協會，甚至寄信到布根地的工會。

然而全都石沉大海，但他並不想放棄。

接著，他逐一寫信給在名酒圖鑑上列名的進口業者，請他們介紹可以工作的地方。當中有些人願意幫忙，曾我向對方低頭拜託。

「請讓我在路易佳鐸酒莊（Maison Louis Jadot）工作。」

「請幫我介紹酒莊的莊主。」

「我想接觸米歇爾．尼隆。」

不過，依然全軍覆沒。

但他還是認識了不錯的人。他和某位男性進口業者持續交流，多年後對方也來參觀曾我的葡萄園。

當時，對方盛讚曾我的熱忱，卻也回覆了嚴厲的意見。日本的土地說到底還是不適合栽種葡萄，就像其他國家不生產清酒一樣。熱衷研究是好事，但說到釀造葡萄酒，想必會被其他民族瞧不起。

那位男性是出於好意給予建言。當時在日本使用釀酒葡萄釀造正統的葡萄酒，被視為非常魯莽沒常識的行為。但曾我不懂，想要釀造葡萄酒的想法為何會被瞧不起。直到深夜，他仍不斷地寫著信。

他也寄信給葡萄酒專刊《*Vinothèque*》，編輯吉田節子給了這樣的回信。

如果將來想成為釀造者，就算是一季也好，先試著在日本工作，你必須親自感受日本的葡萄酒釀造缺少什麼。那至少會成為自身的基礎，要有紮實的經歷，否則法國人很難接受你。

幾乎所有人都異口同聲地說「先去留學看看吧」、「要去法國工作很難，我愛莫能助」之類的話……

有次曾我在旅途中想起這些事，朋友告訴他：「想去的酒莊星期天休息，所以今天沒地方可去了。」實在沒辦法，他抱著隨意的心態，找了一家沒聽過名字的酒莊 Cave d'Occi。因為事發突然也不知道地址，曾我打電話回老家問了地址後，終於抵達該處。

穿過拱門，彷彿進入另一個世界。

正面有一棟白堊岩的建築物，周圍是一望無際的廣闊葡萄園。這裡不是用棚架栽培，而是籬架，土壤是沙土。

曾我全身不停顫抖。

莊主落希一郎帶著素不相識的曾我與友人參觀酒莊，請他們吃飯。曾我已然陶醉，不是因為喝了酒，而是這裡的氣氛。

一心想種葡萄，所以想去法國，日本肯定沒有那樣的地方吧。不過，這裡又是怎麼一回事。

「今年種了幾公頃的樹苗。」

聽著按部就班增加葡萄園的莊主訴說著自己的計畫，曾我下定決心「我想在這裡工作」。

回到小布施後，他馬上說服父親，以「在 Cave d'Occi 工作期間，我會準備去法國」的條件獲得父親的許可。

至今他仍清楚記得打電話給莊主那天的事，握著話筒的手抖個不停，曾我的聲音顫抖，明知電話那頭的對方應該看不到，但他還是深深地低著頭說：

「請讓我在那裡工作。」

一個月後，曾我在 Cave d'Occi 的葡萄園裡進行減少多餘芽數的「疏芽」。搬來的這天，對栽培方法感興趣的祖父也一起來參觀。

薪水是十萬日圓，公寓的房租是四萬日圓，必須靠剩下的六萬日圓過日子。所以，發薪日前的便當總是很寒酸，有時只吃一塊麵包果腹。

即便如此，他不接受父母提供的生活費，因為他正在做父母反對的事，堅持不依賴父母。

（我不在的時候，爺爺和奶奶正在為我努力種葡萄。）

隔週的某次休假，為了幫忙老家的農務，他回到小布施。由於沒有錢無法開車上高速公路，單是去程就花了五小時。

每天都在做粗活，曾經因為貧血而昏倒。葡萄園位於靠海的沙地，陽光強烈真的很熱，回到公寓有時會呈現脫水狀態，但他沒錢無法好好吃一頓飯。

儘管過著如此刻苦的生活，曾我卻樂在其中，光是能夠如願接觸到葡萄，他就覺得很幸福。

他想起了岡本、城戶等「葡萄酒友會」的同伴，大家都想種葡萄，自己在畢業的第一年就辦到了。

（總覺得對不起大家。）

心中甚至有這樣的罪惡感。

到了九月開始準備釀葡萄酒，他和資深員工兩人一起準備近百噸的葡萄。

「曾我是研習生不會有加班費，你五點就可以下班了。」

即便如此，曾我仍然決心「一定要留到最後」，過了半夜十二點才下班是常有的事。

十月下旬，積累的疲勞讓他漸漸意識模糊，有時手被葡萄的榨汁機夾到流血，看到自己的血而昏倒。

但他持續透過一對一的課程學習法文，準備去念法國的語言學校。總之他就是要去法國，然後找到工作的地方。

曾我還發現不過一年，自己的胸膛已經變得很厚實。

一九九七年二月，曾我進入第戎（Dijon）的布根地大學附屬語言學校就讀。遇到沒課的週日，他就會到處看葡萄園。

逐一造訪酒莊，直接向對方交涉「請讓我在這裡工作」，或是用法文寫信留給對方。

此外，他也在葡萄園附近超市的布告欄貼了「請雇用我」的紙條。可是，一切毫無進展。對法國人來說，雇用陌生的外國人還是挺困難的事，他的內心越來越焦躁。

那時在父親的牽線下有了一份職缺，是到酒商亞伯彼修（Albert Bichot）公司研習。這家公司和美露香酒莊有生意往來，由美露香的巴黎分公司幫忙介紹。

如果是研究所時期的他或許會拒絕，因為那時的他覺得更有名的酒莊才值得去。然而，名聲只是表面，到了法國，那些事隨便怎樣都好，哪裡都行，他一心只想進入葡萄園。

「這一區由阿彰負責喔。」

接過修枝剪，獨自留在葡萄園的曾我，全身感受散發土壤氣息的陽光，被難以形容的解放感包圍。看著一望無際的葡萄園，自己彷彿恢復了活力。

曾我工作的地方是亞伯彼修公司旗下的芳藤酒莊（Domaine du Clos Frantin），那是以拿破崙喜愛的葡萄酒聞名的傳統酒莊。曾我在芳藤酒莊旗下的馮羅曼尼（Vosne-Romanée）葡萄園工作，也有特級園李奇堡（Richebourg）。

因為拿的是學生簽證，只能花十萬日圓買下一輛擱置在廢料店的車子。每天從語言學校的宿舍開車前往葡萄園，拚命地工作。因為他有學習葡萄園和釀造相關的法語，日常工作上倒還順利，但休息時間完全聽不懂大家閒聊的足球或女性的話題。

到了八月，葡萄園遇上假期休息兩週，可是曾我想再多工作一些，想再多學一些，不想休息。於是他去拜託老闆，得知有假期錯開的其他葡萄酒窖，跑去那裡幫忙，在地下室做管理木桶的酒窖管理工作，因而接觸到使用蛋白做酒質澄清等在葡萄園接觸不到的工作。

接著迎來秋天的釀酒準備，原本各司其職的人在此時組成團隊同心協力地工作。或許那是傳統的準備方式，眾人搬出一個大木桶，裡面長滿白色黴菌。原以為要先洗乾淨木桶才開始準備，結果只是倒水進去並未清洗，然後直接開始進行準備，這件事令他很驚訝。準備結束後，他以為應該洗木桶了，卻只是丟掉固形物，撒入葡萄酒。

後來，他去參觀附近菜刀酒莊（Domaine Prieuré Roch）的釀造場，釀酒負責人菲力・帕卡雷（Philippe Pacalet）每天都穿著一條內褲，全身泡在裝滿酒的大橡木桶裡，把發酵中的葡萄用木槳壓入底部（踩皮）。帕卡雷後來拒絕了羅曼尼康帝酒莊釀造長一職，成為創造出自然派葡萄酒的人物。

「有黴菌沒關係嗎？只穿一條內褲也沒洗身體，全身泡在葡萄酒裡不是很髒嗎？」周圍的法國人聽到曾我的疑慮反而笑他「日本人真的是有潔癖啊」。

在收成期間，早上十點和下午三點是休息時間。塗滿奶油的法國麵包和香芹醬、火腿、厚片起司或巧克力片，以及代替水的葡萄酒一起送來。中午的員工餐是在簡餐店解決，那裡的客人是長途貨車司機或附近居民，觀光客不會上門。從前菜、主菜到咖啡，每天花兩小時吃午餐。當然，葡萄酒也是裝在水瓶裡供應。不過，那不是布根地的葡萄酒，而是其他國家的廉價葡萄酒。

自西元前二〇〇〇年左右，《吉爾伽美什史詩》（*Epic of Gilgamesh*）已經記載過，生活在乾燥地區的人們會喝葡萄酒，因為無法獲得安全的飲水。於是，在法國長久以來都是以葡萄酒代替水。

即便是世界知名的酒莊，釀造設備也比日本簡陋，釀造出來的葡萄酒味道卻是天壤之別。

「我是不是對釀造葡萄酒懷有空想？葡萄酒不能只依靠知識或資訊。」

他親身感受到這件事。

工作在六點結束，只有法國人的釀造負責人可以在酒窖留到深夜。

「阿彰你可以回去囉。」

雖然對方這麼說，曾我總是回道：

「你不走，我也不走。」

過了晚上十一點，在負責人離開之前，他始終待在酒窖。

葡萄酒在十月下旬裝入木桶後，直到十一月下旬葡萄園都沒事可做，所以很閒。他在那段期間打掃芳藤酒莊伯爵夫人的家、到森林伐木生火取暖等，聖誕節後，回到了小布施。

工作一年的報酬是芳藤酒莊的兩箱葡萄酒。

「阿彰的工作量是法國人的兩倍。」

聽說釀造負責人這樣告訴社長。隔年，曾我被告知「你可以去喜歡的地方工作」。曾我想去夏布利（Chablis）的名門隆得帕克酒莊（Domaine Long-Depaquit），那裡有木桐（Moutonne）獨占特級園，是聞名世界的酒莊。

一九九八年五月他去了夏布利，見到的卻是葡萄芽被霜雪覆蓋的慘況。曾我的工作就從收拾夏布利有名的、放在葡萄園除霜的煤氣爐開始。才剛到隆得帕克酒莊，雖然不是自己栽種的葡萄，看到它們受嚴重寒害的模樣，他內心感到無比悲傷。

隆得帕克酒莊的葡萄園不像芳藤酒莊是單獨作業，而是集體作業的方式。

大家一起喊著「嘿咻」進行摘心（譯注：調整樹體營養分配，減少新梢生長的養分消耗。）作業，「輸的人要再做一次」，工作的過程就像在玩遊戲，所以大家的動作都迅速俐落。

夏布利幾乎全部機械化，機械無法處理的斜坡地才採人工作業。這是機械做不到的事，而且人類一碰到重視的地方，自然就會放慢速度處理。曾我感受到速度的重要性，回到小布施後，他也很注重速度。

「這不是為了興趣而做，對我們來說這是工作，所以效率很重要。」

他會有這樣的想法是因為，當他說出小布施葡萄園的大小後，法國人有些敷衍地回道「啊，做興趣啦」。

（才不是做興趣！那是我爺爺為我拚了命栽種的葡萄。）

曾我在心中暗暗發誓，我要把葡萄園擴大，絕對不能讓法國人瞧不起。

隆得帕克酒莊因為不使用橡木桶而出名，但他們也有嘗試用木桶發酵。擅長使用野生酵母，用酒母以小木桶進行釀造準備，若發酵成功再移入大木桶。小布施也是採取這樣的方式。

酒莊是白堊岩的城堡，蓋在周圍的大雜院是工作人員生活的地方。曾我的隔壁房間住著一名二十歲的德國女性，她的父親在德國經營葡萄酒進口公司，她是以客戶的身分來這裡學習。因為大雜院的構造，那名女子要去廁所時必須經過曾我的房間。

「阿彰，你都不鎖門呢。」

同輩的年輕工作人員很多，大家生活在一起，葡萄園的工作很新鮮，每天都過得很開心。他還去了舞廳跳舞。雖然是在白酒的知名產地夏布利，便宜的葡萄酒還是貴到喝不起，大家都是大口喝著威士忌可樂。

「夏布利的收成肯定很令人興奮，我也要一起做釀造準備，但我還想去波爾多。」曾我做了許多計畫。然而，祖父的癌症病情急速惡化，他得在八月回國一趟。

儘管依依不捨，曾我還是下定決心「爺爺是我唯一的盟友，我要用他付出關愛培育的葡萄來釀造葡萄酒」。

回國前，同伴們為他辦了歡送派對，可是曾我直到最後還是去參觀了其他酒莊，所以遲到很久。隔壁房間的德國女子等累了，所以離開了。

「阿彰你實在很不懂女孩子的心。」

他被同伴們念了一頓，原來那名女子喜歡曾我。

大家在隆得帕克的足球隊制服上寫下留言給他。

告別歡樂的青春時光，曾我回到了小布施。

等曾我回到家，祖父才過世，享壽六十五歲。

「我要讓彰彥一回來就能夠釀造葡萄酒。」

祖父為他開墾了一公頃的葡萄園。

就在那時，「葡萄酒友會」更名為「葡萄酒研究會」，地點移往勝沼，除了曾我，其他同伴仍在持續聚會。

岡本進入ＦＵＪＩＫＯ後，分配到仙台分公司擔任業務，第一年沒辦法參加。

這時候，岡本學生時代打工職場的前輩齊藤在加州的餐廳做得有聲有色，他主動開口邀約：

「來我這裡一起工作吧！」

餐廳的經營由齊藤負責，岡本只要釀造葡萄酒就好。

岡本向公司表達想要辭職後，公司用「可以讓你去想去的地方工作，請不要辭職」挽留住他。因此，第二年他來到勝沼的ＦＵＪＩＫＯ酒廠，突然被任命全權負責製造。

不過，岡本的內心還是嚮往加州，他心想在日本先學點東西，學到能夠釀造葡萄酒的那種程度再去加州吧。

可是回到山梨後，岡本赫然發現自己落後城戶和其他同伴許多，大受打擊。

某天他和任職於美露香的大學學長味村一起試喝「桔梗原梅洛」的'86、'90和'92年。

「你覺得如何？」對味村的提問，岡本只覺得「全都很好喝」，說不出半句話。

但，城戶自信滿滿地指著其中一瓶說：

「這瓶葡萄酒有問題。」

味村點了點頭。

「沒錯，揮發酸太高。」

岡本在仙台並非從事葡萄酒的業務工作，而是在超市販賣昆布或豆類、椰果等食品，和葡萄酒八竿子打不著。

另一方面，城戶則是在現場進行葡萄酒的釀造。

（這樣下去不行！）

岡本變得認真起來。

儘管彼此的職場距離遙遠，他們又回到學生時代那樣，和鈴木或水上頻繁舉行葡萄酒會。

「那群葡萄酒癡終究來到了勝沼啊！」

出現了這樣的傳聞。

一九九七年又有一位同好加入，是美露香的安藏光弘。安藏就讀東京大學時便以在「全國品酒選手大會」得獎一事而聞名。

在葡萄酒節的活動上，岡本以工作人員的身分銷售葡萄酒，味村和安藏則以客人的身分參加。

稍微聊了一會兒，岡本馬上知道安藏是非常喜愛葡萄酒的人。他說隔天要去拿訂購的牡蠣，問了問安藏要不要來參加葡萄酒友會，安藏也爽快回道「請讓我參加」。

明明是第一次一起在葡萄酒友會喝酒，彼此卻完全不覺得尷尬，很快就打成一片。可能也是因為他們和安藏的年齡相近，不過，更重要的是對葡萄酒的熱愛。之後安藏也會參加聚會一起喝葡萄酒。

某次提到了麻井宇介，岡本充滿熱情地說他喝了「桔梗原梅洛」深受感動，自己也想和麻井一樣釀造出令人感動的葡萄酒。安藏得知岡本如此尊敬麻井卻沒見過他感到很驚訝。

「咦，你沒見過他？那我來幫你約約看吧。」

安藏和麻井曾經任職於同一家公司，關係親近。

在曾我暫時回國的一九九八年二月十四日，透過安藏的安排，舉辦了和麻井見面的葡萄酒會。

岡本、城戶、曾我、水上、鈴木、安藏以及麻井，齊聚位於鎌倉的美露香研習中心。他們在那裡過了一夜，喝葡萄酒聊通宵。

當時麻井是很搶手的葡萄酒顧問，岡本他們負擔不起高額的費用，可是麻井說不必付錢給他。

岡本一行人簡直不敢相信，像麻井這樣的名人居然願意和菜鳥等級的他們一起喝酒。

麻井會是怎樣的人呢？他們到商店街買魚做了下酒菜，緊張兮兮地等待著。

初次見到的麻井是非常溫和沉穩的人，絲毫沒有架子，與他們親切互動。

但個性溫和的他，同時也充滿熱情，為了讓年輕的釀造新手產生幹勁，熱心給予觀察事物的建議。

當時他們都已經身處葡萄酒業界，逐漸累積經驗，對葡萄酒的評論也變得專業。

麻井默默聽著他們的評論，然後開了口。

「這瓶葡萄酒也有優點，為什麼你們只說否定的評論呢？應該看看它的優點。」

於是，大家開始舉出葡萄酒的優點。

過去在不知不覺間變成互相討論葡萄酒的缺點，陷入了以為只要說出很多否定的話就很懂葡萄酒的錯覺，其實舉出優點更不容易。

而且，當岡本不經意說出「這瓶葡萄酒的風格」時，麻井立刻予以指正。

「葡萄酒的風格不是由人決定的。」

直到深夜麻井都在談論這件事。

（說真的，那個阿北到底在說什麼啊！）

城戶當時無法坦率接受麻井所言。雖然嘴上說「和拉菲堡酒莊一樣好」，但他心裡想「說是這麼說，日本還是辦不到吧」。

不過，喝了麻井帶來的葡萄酒後，確實發現有不輸給法國的日本葡萄酒。

「各位，你們看看！」

麻井如同少年般地開心說著日本葡萄酒的事，他讓他們親眼見證到日本葡萄酒的潛能。城戶也相信了麻井說的話。

這天他們帶來各自釀造的葡萄酒請麻井喝。麻井盲品後，放下城戶帶來的五一葡萄酒的'96梅洛，予以讚賞。

「首先，這瓶酒有市售嗎？青澀味如此強烈的年輕葡萄酒如果上市，就會成為日本的葡萄酒。如果是日本的葡萄酒，真是可喜可賀。」

對岡本的葡萄酒，他只說了「嗯，已經很努力了」。

曾我在法國學習了黑皮諾的栽培，他告訴麻井之後打算在一公頃的葡萄園種植少許的夏多內，其餘都是種黑皮諾，他已經訂購了樹苗。麻井一聽，罕見地厲聲斥責。

「幹嘛要種黑皮諾。吃過苦的日本釀造者，互相交換經驗後都知道黑皮諾很難種，一開始就種黑皮諾是自討苦吃。不好好活用大家的失敗經驗只是浪費時間。」

結果年近七十的麻井和大家一直聊到深夜兩點才返回鎌倉的家。

因為在同伴面前遭到嚴厲指責，曾我那一晚失眠了。苦思一整晚，早上他從鎌倉打電話給樹苗店。

「請幫我減少黑皮諾的樹苗，其他什麼都好，請幫我換成黑皮諾之外的品種。」

通常確定下單後就不能再改，幸而得到對方體諒，才得以變更訂單。原本訂了一千五百株的黑皮諾減為五百株，然後換成五百株的梅洛和五百株的卡本內蘇維濃。曾我想到假如那時不是麻井對他說了重話，現在肯定更痛苦。相較於布根地，只能做出這樣的水準讓他非常懊惱，也曾經數度想要拔掉。儘管心中割捨不了，但他已經決定不要再增加。

（麻井先生是刻意指責我的吧。他是在告訴我用最短的距離達成目標。）

不過，麻井似乎也很在意自己說了重話，時不時到曾我的酒廠，「曾我還好嗎，讓我看看你的葡萄酒。」像這樣表示關心。

「慢慢進入狀況了呢，可以變成不錯的葡萄酒喔。」

曾我事後回想，那些並不是很好的葡萄酒。麻井先生肯定是在為了給自己打氣才那麼說。不過，對於黑皮諾，麻井總是說「還不成氣候」，沒有得到過他的稱讚……

城戶任職的五一葡萄酒在桔梗原有葡萄園，也有從事栽培。城戶初見那些梅洛時，看到和自己想像中分毫不差的黝黑葡萄，心中滿是雀躍。

岡本得到桔梗原某酒廠的葡萄，打算釀造兩桶葡萄酒。收到的葡萄受損嚴重，長滿黴菌。但比起在勝沼收成的漂亮葡萄，那些葡萄釀出了更棒的葡萄酒。

（真金不怕火煉就是這麼一回事。不是適合這塊土地的葡萄就沒意義，我也想要種自己理想中的葡萄。）

岡本的這個念頭日益堅定。

起初與其說是夢想，比較像是玩票性質，沒有仔細思考，總覺得應該做得到。每逢假日，岡本就會到處逛葡萄園拍照，尋找理想的地點。

「我在找類似桔梗原的氣候。」

水上和鈴木聽到他這麼說，紛紛表示想一起種葡萄。

「那就一起做吧！」

三人從原本的朋友關係變成共同行動的夥伴。

（試著用籬架栽種三公頃的梅洛。）

為了讓三人都能維持生計，每人必須收成一公頃的葡萄，這樣的作業量剛剛好。栽種葡萄得先購買樹苗和籬架的材料，樹苗一株一千日圓左右，一反部（表示面積，約一千平方公尺）種兩百五十株的話是二十五萬日圓，三公頃必須準備七百五十萬日圓。另一方面，籬架的材料有各種等級，假設一反部是五十萬日圓，得花上一千五百萬日圓。

初估費用超過了兩千萬日圓。

而且，就算種了也不能馬上收成，三年內不能釀葡萄酒，這段期間都沒有收入。因為是才工作第三年的上班族，岡本沒有存款，無法準備這麼大一筆錢。可是，他沒想過要放棄。既然沒錢，那就試試看別的方法。

一九九七年的冬天，岡本將決定撤掉的櫻桃溫室拆除。那座溫室很大，拆除作業比想像中辛苦許多。週末都耗在那裡，花了好幾個月才拆完，甚至在暴風雪中邊哭邊拆。水上也會來幫忙，但有時是岡本獨自作業。雖然拆除溫室造成虧損，不過他得到了骨架的鐵管，他打算用那些當作籬架的支柱。

買不起樹苗的他，自己在樹苗店把釀酒葡萄接枝到砧木上，省下不少錢，大幅縮減了初期成本。

到了一九九八年，岡本在勝沼租了假植（苗木栽種前的臨時保護措施）樹苗的田，上班前和傍晚他都會去田裡工作，成功培育了三千株樹苗。

他將樹苗的照片和信一起寄給麻井，得到了勉勵的回覆。

感謝你的來信，我對假植樹苗的照片很感興趣。之後如果有在鎌倉辦第二次集訓的話，請務必找我。我想和大家一起聊聊你們的夢想。

籬架的資材也準備了一公頃的量，資金不足的問題靠勞力總算解決了。

然而，最重要的東西還沒準備好：關鍵的田地。

岡本從一九九七年左右開始打電話給山梨縣各處的自治單位，當他告訴對方「我想種釀酒葡萄」，總是吃閉門羹。外地來的二十多歲年輕人突然說要在這裡種植幾公頃的葡萄，對方不把自己的話當一回事也是理所當然的反應。

不過，也有幾個願意和他聊聊的自治單位。因為公所週末休息，他只好在平日請有薪休假前去交涉。當中山梨縣須玉町公所的態度非常親切，帶他去看了田地。

可是，到了一九九八年的冬天，岡本的田地還是沒有下落。

在田地沒有著落的狀態下離開 FUJIKO 的岡本，一九九八年十二月和之前幫忙他工作的女性結婚了，兩人搬到山梨縣須玉町。

他們就像私奔一樣，在輕井澤的教堂舉辦只有兩人的婚禮，沒有發喜帖給任何親朋好友，但曾我、城戶和水上不知從何得知這件事，趕了過來。他們無法度蜜月，婚禮隔天就一起去尋找田地。

之後每天都到須玉町公所拜託，仍然沒有獲得好消息，就這樣迎來了新的一年。岡本這才知道，即使是閒置農地要租借也不容易。

就算今年不行，不管要花多少年，只要去幫助周圍的農家取得信任，之後就能租到一些田吧。

同時他也進行融資，為了融資的審查，山梨縣果樹試驗所的專家來看他預定種葡萄的田地。積雪反射冬日的陽光顯得刺眼。岡本說出他想做的事情時，那位專家斬釘截鐵地說：

「這裡太冷了，種葡萄活不成，沒辦法啦。」

他根本沒摘下墨鏡仔細看就離開了，岡本看了看手錶，連五分鐘都不到。

結果因為那位專家的判斷，第一年他連一毛錢都借不了。新居民要在人口稀少的地區務農很容易得到補助金或融資，這樣的想法是他最大的失算。

當時的日本普遍認為籬架栽培很困難，一般的做法是為葡萄套上傘袋，或是用防雨罩那樣的溫室設備進行栽培。因為人們相信潮濕的環境容易讓葡萄生病。

手邊已經沒錢，田地也沒下落，精神上承受很大的壓力。

在那段期間，他和夥伴之間的關係也變差了。

鈴木在前年的一九九八年的夏天退出了這個企劃。

水上說儘管如此也想和岡本他們一起種葡萄，為了獨立她辭掉丸藤葡萄酒的工作。於是，岡本、水上和岡本的妻子三人重新出發。

不過，他和水上也沒辦法好好溝通。

水上從甲府的老家往返田地很花時間，所以她在岡本的公寓附近找房子。可是，在田地沒下落的階段，房租也是很大的負擔。岡本問水上要不要來他們的公寓同住。

「我家有三間房間，你可以住其中一間，因為你是員工啊。」

水上婉拒了寄住在新婚家庭的提議。如果她是男性，那還另當別論。況且水上覺得彼此是對等的立場，被岡本說成「員工」，讓她心裡很受傷。為了釀造葡萄酒的夢想，她還辭職了，卻又被當成員工對待，那她到底是為了什麼捨棄穩定的生活。

另一方面，以岡本的立場來說，自己已經走投無路，拮据到連吃飯都有問題，但他還是每天為了找田四處奔走。在田地有著落之前，他每天去公所，岡本夫妻和水上沒時間打工，除了到農園幫忙得到的錢，幾乎沒有收入。

對水上和岡本而言，一起共事已到了極限，彼此都感到很辛苦。

最後決定放棄一起種葡萄，水上也退出了。當初四人合資購買的樹苗是一百五十萬日圓，水上付了一半的七十五萬日圓。

「那筆錢不用還我沒關係。」

她很難過地這麼說。

岡本暗自反省，因為是朋友所以很草率地決定做這件事，完全沒有商量過收益、資金或勞力的分擔這些事。

「每天都能種葡萄真棒呢！」

「就像在做夢一樣。」

起初是懷抱著那樣的美好憧憬開始做這件事。

結果失去了重要的朋友和工作，岡本不斷自責。

「看來只能丟掉樹苗了。」

他已經半放棄地想著，這一年不可能種葡萄了。

儘管如此，岡本還是求神問佛地在心中暗自祈禱：

「如果能給我一塊田，再辛苦的事我也會撐下去，多少工作我都做，什麼我都做。所以拜託請幫幫我！」

麻井瞞著岡本替他找三千株樹苗的買家，然後他寫了信給岡本建議：

雖然你打算種紅葡萄，但等紅酒風潮退燒，日本人一定會重新喝白酒，試著種白葡萄吧。

到了三月，終於向三位地主租到田地。

願意出借田地的人越來越多，直到五月，他向八位地主租了田地，總共是〇．七公頃。

種下最後的樹苗時，葡萄已經發芽。而且，本來該是四個人一起種，所以樹苗的量很多。

然而，田地有了著落的喜悅使他忘了這一切。

租到的田地位於從清里往南七公里的須玉町津金。那是海拔八百公尺的高地，北側有八岳、南側有南阿爾卑斯市的山巒圍繞，是景色優美之地。周圍有蘋果園，小溪潺潺流過，雲雀鳴啼，蒲公英隨風搖曳，廣闊的天空無邊無際。

他將這裡用法語取名為「Beau Paysage」，意思是「山清水秀」。

然後，岡本就像履行對神明的誓言那樣，無論是豪雨或下雪的日子，全心投入於農務，一年三百六十五天都在田裡工作。

他打破了日出而作、日落而息的農家規矩，從月亮即將消失的黎明，到被一片漆黑包圍只聽得到蟲鳴聲的深夜，他帶著手電筒持續在葡萄園裡工作。

他沒有其他感興趣的事，也沒有想做的事或想要的東西，光是能夠種葡萄就讓他感到很幸福。

第三章

田裡的修道士

如今回想起來，那或許是命運。

城戶因為準備葡萄酒的釀造而腰痛，去了推拿所。那裡的院長向他提起「我有認識一位不錯的女性」。

「不過，對方有一個條件。」

院長似乎有點難以啟齒。

「必須入贅。」

當時，城戶正感到煩悶不已。

二十九歲成為五一葡萄酒的製造課長，全權負責釀造。桔梗原是能夠採收好葡萄的產地，麻井也稱讚過他的葡萄酒。可是，這樣真的好嗎？

雖然是製造課長，城戶主要負責的工作是釀造，和葡萄的栽培沾不上邊。所以，他無法選擇契約農家送來的葡萄，必須全部拿來釀酒。契約農家之中有用心栽培好葡萄的農家，有些卻非如此。可是，他又不能說我不想用這些葡萄釀酒。

而且，一天的釀造準備量多達三十噸，總感覺是為了達到目標量在釀酒，沒辦法釀造自己滿意的葡萄酒。除此之外，當時除了一部分公司自有田的葡萄酒，大部分的葡萄酒都沒有標示收成年份。也就是說，混合不同年份，完成品質、味道均一的葡萄酒，對公司的經營才是穩定之計。這和釀造出突顯葡萄個性的葡萄酒是完全相反的路線。

香檳會因為混合多個年份的基酒達成均質化，基本上不會標示年份。可是，葡萄酒本來就是讓人感受到葡萄園風土的農作物，至少應該標出年份。「不是混合多個年份的葡萄酒，我想賣只用同年份葡萄所釀造的酒」，他向公司提出這樣的請求。葡萄酒不僅會隨著年份、品種或土地而改變，更重要的是釀造者。葡萄酒的魅力之一正是不均一的不穩定。

但公司注重的是不改變基本味道，所以不會改變製造方針，有時他還會和上司為此起爭執。

加上曾我和岡本已經開始種葡萄，他無法抑制內心也想種葡萄的念頭。

恰好那時出現的相親對象正是繼承葡萄農家家業的女兒，對方家中栽種的是非釀酒葡萄的尼加拉（Niagara）和康科德（Concord）等品種。然而，他卻感覺到奇妙的緣分。

「反正我是家裡的老么，就算入贅應該也沒關係吧。」

他試著和對方見面，那名女子個性直爽，讓人感覺很舒服，而且是很溫柔的人。她是家裡三姊妹中的老二，姊姊住在東京，妹妹在美國生活，城戶的妻子為了繼承家業與父母同住。

一九九九年四月，城戶結婚了。城戶原本的姓氏是後藤，岡本和曾我以往總是叫他「後藤」「後藤兄」，從今以後變成了「城戶」「城戶兄」。

原本很幸福的婚姻在完婚的三個月後，岳母因病過世。當時岳父任職於鐵路公司，葡萄園是岳母在照顧。岳父決定優退，專心務農栽種葡萄。

這時候，借給親戚的蘋果園因為沒有人手而歸還。城戶為了學習想試著種葡萄，將三十公畝的蘋果園進行改植，二〇〇一年四月以籬架方式種植梅洛。

在種植葡萄這方面城戶完全是門外漢，不過星期六日都在田裡工作，卻讓他體驗到前所未有的樂趣。全心投入於農務，腦袋放空，覺得自己和大自然融為一體，他第一次領略到非常舒心自在的感覺。

海拔七百四十公尺的葡萄園，相當於從木曾吹向松本的風穿過窄谷的出口。因為一整年都吹著強烈的南風，光是站著就覺得疲累。而且，日夜溫差大，即使是夏天，到了夜晚氣溫也會驟降。但相對的，吹走濕氣，讓果皮變厚、色素變深的風與激烈的溫差，對葡萄來說可是天然的恩惠。

種植葡萄只是在累積經驗，城戶希望能讓自己任職的五一葡萄酒購買自己種的葡萄，所以沒想過要辭職。

小布施酒廠以酒莊名義第一次推出的年份是'99，而曾我第一次準備釀葡萄酒是在一九九八年。

那一年他試著用在法國學習的準備方法進行釀造，結果卻失敗了。

首先是使用野生酵母這件事。如今在日本除了岡本和城戶，使用野生酵母發酵的酒廠逐漸增加，但在當時的日本幾乎可說絕無僅有。岡本和城戶獨立後的那幾年也都是使用培養酵母。不過，在法國自古以來使用野生酵母已是常識。

此外，將發酵前的葡萄靜置於約十度的冷卻槽一週左右，讓果皮和果汁進行低溫浸泡的方式，能夠釀造出具濃縮感的葡萄酒。人稱布根地酒神的亨利・賈伊也是採行這種方法。可是小布施酒莊進行得並不順利，釀造出來的葡萄酒散發放線菌（介於細菌和黴菌）的不良氣味。

第一年釀造的葡萄酒實在沒辦法推出販售。

祖父留下來的珍貴葡萄就這樣全都沒了，令他感到十分心痛。

（岡本和城戶就算想釀造葡萄酒也做不了，我得再加把勁才是。）

曾我在心中這樣逼迫自己。

然而，那一年曾我的煩惱並未就此結束。秋天來了大颱風，小布施的蘋果和巨峰都掉了八成。

「蘋果鋪成的地毯」，報紙上出現這樣的標題。

面對前所未有的慘況，曾我的父親做了這樣的決定。

「我們全部買來釀酒，想賣的人都拿來。」

此話出口一傳十、十傳百，酒莊連續三天都有小貨車排隊，儘管已是釀造槽裝不下的程度，對上門的農家仍然照單全收，全部釀成酒，產量是往年的三倍。

即使虧損，為了照顧地方鄉親，想要對陷入困境的農家伸出援手，是父親的信念。這點和曾我的祖父相同，曾我家一直是地方的領導者。後來岡本和城戶獨立之後，也是承受曾我父親認為有困難的人要互相幫助的盛情好意，在小布施酒莊進行釀造準備。

不過，那時收購的巨峰和蘋果實在太多了，庫存增加，怎麼賣都賣不完，堆在倉庫好幾年。

「這些都是我的寶貝。」

曾我的父親將多餘的庫存視為與地方共存共榮的證明，感到很榮耀。

另一方面，曾我也不想再釀果實酒，想成為真正的酒莊。他內心深處還有許多不想做的事，果汁、白蘭地，還有日本酒。

其實，「小布施酒廠」只是通稱，原本的正式名稱是「小布施酒造」。曾我家多年來的本業是釀造日本酒。

小布施酒造創立於德川慶喜（江戶幕府第十五代將軍）將政權交還給明治天皇（大政奉還）、坂本龍馬在京都近江屋遭到暗殺的一八六七年，在此之前是經營海運，用累積的財富買米開始釀酒。

不過，太平洋戰爭爆發隔年的一九四二年，日本酒面臨不得不停業的命運。一九三九年制定了米穀配給統制法後，政府為了進行企業統管，強制決定日本酒廠的停業與整合。

不能釀造日本酒了，要是什麼都不做就活不下去。小布施是蘋果的產地，所以打算用蘋果釀酒。

以前有釀造名為「泉瀧」的日本酒，於是沿用這個商標販售蘋果酒。把酒色變透明，加入酒精，喝起來像日本酒的替代酒。

然而蘋果酒乏人問津，有些地方很多人根本沒聽過蘋果酒一詞。曾我家因而沒落，被迫過著困苦的生活。

曾我血緣上真正的祖父、戶籍上的曾祖父市之丞，年幼時因日俄戰爭失去雙親，由親戚掌管本家。但在市之丞成年之前，土地和財產都沒了。正當他想著「今後我要努力重振家族」的時候卻遭逢停業。

市之丞相當懊悔，甚至覺得被迫停業是因為自己體弱逃過徵兵所致。傳統老酒廠被迫停業，他心中深切自責。

戰後，幾乎每天都會在公所看到頭戴圓頂禮帽、身穿燕尾服的市之丞，他持續申訴希望能夠恢復日本酒的釀造。「只要打扮搶眼，公所的人就會記住我」，他是基於這樣的用意。

「趁我還活著的時候，請務必恢復清酒的釀造。」

這句話彷彿成了他的口頭禪。

在他去世前年的一九六二年，終於重新獲得日本酒製造業的許可。有好幾家重新經營的酒廠，其實在更早之前便已恢復運作。而且，在日本酒消費減少時期，戰後將近二十年才恢復可說是特例。

後來曾我出生時，父親將戰爭期間開始釀造的蘋果酒改名為「Apple Wine」，裝在720 ml的瓶子販售，此後小布施酒造被稱為「酒廠」。

曾我上小學時，父親借了鉅款建造地下酒窖。以往是用改造馬廄的空間，聽到重要的客人說「原來是這樣的地方啊」，令他感到很懊惱。

「你能夠上大學還有我們一家生活全都是靠這個蘋果酒。而且，釀造日本酒是曾我家的宿願。即使到了你這一代，哪怕是一個酒槽或一瓶酒也好，一定要繼續釀蘋果酒和日本酒。」

父親向兒子這般懇求。

剛從法國回來時，曾我熱衷於葡萄酒，不想再釀日本酒或蘋果酒，卻因為父親的堅持，所以得做下去。

可是，他沒有釀過日本酒。

「往後不是由杜氏，是彰彥獨自釀酒的時代了。」

父親這麼說，請求手藝精湛的釀酒師讓兒子向他學習。

曾我也認為釀酒與經營不該分開，應該自己釀酒。

（不管是葡萄酒或日本酒，酒是農產品，是傳達釀造者心意的物品，經營者應該自己負責。）

不光是釀造的準備，曾我認為「既然日本酒也是農產品，我應該自己種米」，甚至開墾了無農藥水田。早上五點自己下田作業，接著再到葡萄園工作，日復一日。然後把釀好的日本酒裝進葡萄酒瓶販售。

蘋果酒也換成發泡蘋果酒（cidre）。雖然他只想專注於葡萄酒，卻也接受了家業的命運。既然非做不可，就要做出不會敗壞葡萄酒名聲的好品質。

儘管第一年釀酒失敗，第二年釀出了很棒的葡萄酒。他的夏多內在斯洛維尼亞舉辦的「盧布爾雅那國際大賽」獲得金牌。

曾我接到美露香的味村告知得獎的來電，最開心的莫過於曾我的雙親。

終於到了收成的季節呢。期待你一直以來的努力能夠獲得豐收。上個月中原本想去看葡萄園，忙完手邊瑣事已經過了時間。今年的釀造準備也是預定在小布施進行嗎？

岡本收到麻井的來信，前往小布施酒莊。’99的第一次收成是在小布施酒莊進行釀造準備。雖然租到了田地，還是來不及備妥釀造所，他到處詢問有沒有可以租借的場所，這時曾我主動開了口：

「來我這裡做不就好了。」

在津金收成的一百公斤梅洛，釀成二四七瓶的半瓶裝葡萄酒。

岡本馬上請麻井品嘗這批葡萄酒。

「這是很棒的葡萄酒。比起最初喝到的『桔梗原』，這個更棒。如果這是年輕樹苗，津金土地的潛力或許比『桔梗原』更好。請好好加油。」

他也請在東京經營「Canoviano」義式餐廳的老闆植竹隆政品嘗葡萄酒。他在津金的葡萄園，前方保留了明治、大正、昭和時代的校舍，那裡有可以住宿的設施「美味學校」，其中的義式餐廳是由植竹策畫，兩人因而結緣，關係變得親近。植竹不用削皮器處理蘆筍，而是用手剝。因為蘆筍的澀味比例各不相同，每一根要留下多少皮也不同。他的態度讓岡本產生共鳴。「這個很棒喔！」植竹如此誇獎他的酒。在「Canoviano」總店的酒窖，擺在羅曼尼康帝等名酒之上的，是岡本的'99半瓶裝葡萄酒。

「我要努力釀出世界級的葡萄酒。」

岡本有了這樣的自覺。

不過，有個人已經無法請他品嘗葡萄酒了。他是岡本學生時代打工職場的前輩，曾經邀岡本到加州工作的齊藤，讓岡本第一次感受到葡萄酒魅力的人也是他。

大一的春假，岡本在位於新宿的「燦路都東京」飯店的餐廳打工當服務生，當時正是日本泡沫經濟時期，時薪是很低的七百五十日圓。

「大家一起來要求提高時薪吧！」

岡本帶頭提議。不過，只說「幫我們提高時薪」，沒有店家會同意。於是，岡本告訴同事「我們要更努力工作，這樣就能提高營收，然後說服資方提高時薪」，大家團結一心，賣力地工作。雖然會拿到員工餐的餐券，但他沒有使用，只吃巧克力果腹，休息時間也在擦玻璃、打掃桌椅下方。岡本是一旦投入就會全神貫注的類型，最後時薪超過了一千兩百日圓。

岡本在那家店認識了大他五歲的員工齊藤，他是酒吧的負責人，工作能力出色，有許多客人是為了齊藤而來，他的服務也很幹練得體。

而且，玩樂的方式也很瀟灑。

他們一起去「朱麗安娜東京」或「J TRIP BAR」等舞廳時，只要齊藤露臉就能進去，在VIP室開了八萬日圓的香檳王。

「我們去游泳吧。」

齊藤突如其來地這麼說，把大家找去附近飯店的泳池游泳、喝香檳。如果只是住飯店，不必花這麼多錢——結帳時一個人超過十萬日圓。他花錢享受美食喝酒，也玩撲克遊戲二十一點。岡本在大學進行動物實驗，他曾經穿著和齊藤出去玩的亞曼尼（Armani）

白西裝，到學校照顧動物。

大家嘻笑打鬧，玩得非常開心。那是一段非常珍貴的時光，因為打工有錢又有閒，年輕也有體力可以徹夜狂歡。

看到現在的岡本實在很難想像年輕時的他是那副模樣。現在幾乎不買衣服，在葡萄酒發行派對穿的是二十年前十八歲時參加大學入學典禮穿的西裝。平常都穿破了的Uniqlo刷毛外套出門，鞋底已經脫落，走起路來發出喀噠喀噠聲。他已經超過十年沒旅行，理髮店只去過兩次，是在發行派對和準備釀酒前的那一年，頭髮變長就綁起來。總之一有時間，他只想待在葡萄園。

「你說在種田，我還以為你是瞎掰。」

很長一段時間，當時的朋友都沒人相信他在種葡萄。

不過，學生時代一起玩樂時，每到最後都是齊藤和岡本兩人坐在舞廳的桌邊，在嘈雜的音樂和人們的喧鬧聲中，他們熱情談論著「服務業的未來」。

當時的岡本將來想當酒保，但是和齊藤一起喝過葡萄酒之後，被葡萄酒的魅力迷住。

每一瓶葡萄酒有著獨自的魅力。如果是啤酒，明天也能喝到相同的味道，換作是葡萄酒，可能無法再喝到相同的味道。

岡本想著將來要和齊藤一起工作，他在津金種葡萄時，始終想著這件事。獨立的時候也是帶著想被齊藤認同的心情。

然而，在他結束第一次釀造的那年十二月，齊藤在加州遭逢意外事故身亡。結果，沒能讓他喝到自己釀的葡萄酒。岡本因為忙著種葡萄，齊藤回國時雖然有聯絡他，彼此卻已五年左右沒見過面。對岡本來說，這是人生中最大的憾事。

時間的限制終將到來，還能再釀幾次葡萄酒呢？一年只能釀一次。岡本比以前更加熱衷於工作。

「我在人生的終點會看到怎樣的景色呢？」

岡本這樣問著自己，應該會是廣闊的葡萄園吧。

如今在齊藤的牌位前，依然供奉著岡本第一年釀造的半瓶裝葡萄酒。

隔年的二〇〇〇年，他在距離葡萄園五分鐘的山中，蓋了只有兩間房間的小鐵皮屋。最初的一年他住在公寓，房租六萬有點高，距離葡萄園很遠不方便。他在鐵皮屋靠井水過活，也不看電視。

為了貫徹信念，花費的時間和金錢不斷地增加。一九九九年至二〇〇一年這三年，他和妻子每週五天從早上八點半到下午四點，做著時薪七百日圓的挖掘遺跡的臨時工，週末也到樹苗行工作。葡萄園的工作是在大清早和傍晚進行，沒有一天休息。一天吃兩餐，只靠白飯和味噌湯度過。一人一個月十萬，夫妻總共有二十萬日圓的收入，但那筆錢沒辦法當作生活費，全都成了葡萄園的資金。

一九九九年、二〇〇〇年在小布施進行葡萄酒的釀造準備，二〇〇一年收成量也增加了，把葡萄運到長野已經有點困難。

基本上，當天收成的葡萄要在傍晚全部裝進釀造所的發酵槽，因為葡萄的果皮薄容易破，所以必須盡早開始釀酒。

而且，岡本還有別的問題。有別於一般的做法，他不會一次全部收成，而是觀察當天葡萄的情況少量收成，所以非常費時費工。

因此，他在山梨縣內找到可以進行釀造的場所。但在釀造的過程中，那家酒廠被收購了，岡本不得不搬走釀酒桶，然後要盡快找到能夠裝瓶的地方。他到處詢問縣內各處，卻沒人願意幫忙。葡萄酒會變得怎麼樣？他擔心得連日失眠，最後終於有一家剛取得許可的酒廠告訴他「我們也想要累積成果，所以可以幫忙」，這才完成裝瓶。

他的釀酒造宛如一場冒險。

岡本四處奔走的二〇〇一年秋天，城戶的葡萄園迎來第二年，雖然一棵樹只結出幾串葡萄，卻是他理想中那種內側也烏黑的葡萄。

城戶緊盯著那些葡萄，眼前浮現了和葡萄共度的四季。

零下十五度，空氣清新的寒冬，腳陷在雪裡二十公分，為葡萄進行剪枝。穿著兩雙厚襪子，再套上防水禦寒的特殊襪子和長靴，刺骨的冰凍感讓雙腳失去了知覺。在那樣寒冷的氣候中，妻子也陪著城戶在葡萄園裡，幫忙去除剪下的枝條。

沉睡樹苗甦醒的三月底，修剪過的枝條切口紛紛滴落透明的液體，這稱為「葡萄的眼淚」，滑溜到可以當作化妝水的程度。但城戶的葡萄園在夜晚的低溫過後，早上起來經常可看到眼淚結凍的景象。說不定樹裡也遭受凍害（譯注：溫度低於零度以下，作物體內結冰），他很想趕快用剪刀剪開枝條確認，心中著急又無奈。

柔和的風告知春天的來臨。雖然主要是由南向北吹的風，從西方吹來的風也變多了。風向改變，枝條變得柔軟，城戶把枝條彎曲成九十度用綁紮機進行固定。

五月上旬左右開始萌芽，因為是低溫地區，此時那一帶的山依然不見綠意，但城戶的葡萄園卻是一片綠油油。葡萄芽是明亮的黃綠色，那樣的色調光看就覺得賞心悅目。

葉子略帶粉色，或是起絨毛般的白色、泛紫色、紅棕色，各種顏色參雜著綠色，淺淺的色調混合在一起，構成一幅水彩畫。

萌芽後兩三天開始展葉，枝條一個月一口氣伸長了兩公尺高，葉片繁茂。散發香水般淡淡香氣的花盛開在六月中旬，雖說是花，卻沒有花瓣。一串葡萄長出數百個花萼，這個時期梅雨會散播花粉，有些卻無法成功授粉。

梅雨季後，綠意加深，生長過頭的葡萄得用大剪刀修剪整齊。

生長的氣勢在盂蘭盆節之前正好停止，紅蜻蜓在田中飛舞，盂蘭盆節期間葡萄開始上色。一串葡萄中混雜著黃、紅紫、橙、蘋果色的顆粒，葡萄園在黃昏夕陽籠罩下，葡萄變得透明，像寶石般閃閃發光。

葡萄的透明感日益增加，白葡萄到最後連種子都能看透。當種子在口中不再殘留鮮明的澀味之後，便進入了收成期。

城戶實在捨不得把自己心愛的一串串葡萄和五一葡萄酒的其他葡萄混在一起，他夢想著用自己栽種的葡萄釀造自己的葡萄酒會是多麼棒的一件事。

城戶懷抱著這個夢想的隔年，在藤澤舉辦了和麻井見面的葡萄酒會，麻井坦白說出自己時日不多，積極地勉勵年輕的釀造者。

「日本也能做出和世界並駕齊驅的葡萄酒。」

「設備不周全的小酒廠也要秉持崇高志向，釀造出良好的葡萄酒。」

「就像不添加二氧化硫的『Providence』獲得成功那樣，捨棄以往學到的釀造知識很重要。」

城戶似乎聽到麻井這麼說：

「今後日本葡萄酒的前途掌握在你們這群年輕釀造者手中，城戶啊，下定決心做做看吧！」

那時候，在「葡萄酒友會」一起切磋交流的鈴木，剛告知自己收購了旭洋酒這家酒廠，也開墾了葡萄園。曾我和岡本、鈴木也在追尋自己理想的葡萄酒，不由得讓城戶也想試試看。

一個月後，和愛喝日本酒的岳父在晚餐小酌時，城戶緊張地想著該如何開口。因為住家在同一塊腹地內，岳父和城戶經常一起吃晚餐。

喝到醉醺醺之際，他終於開了口：

「我想辭掉工作，獨立經營自己的酒莊。」

像是在考慮什麼似的沉默了一會兒後，岳父不但沒有反對，還說出支持他的答覆：

「人生只有一次，試著去做自己喜歡的事吧，我支持你。」

原本是想讓女兒和工作穩定的上班族結婚，女婿卻說想獨立經營前途未卜的酒莊，這可是一大賭注，遭到反對是理所當然的事，可是岳父卻說「我支持你」，甚至還出資。

妻子也溫和地笑說：「雖然你沒有正式跟我提過，我隱約察覺到你的心情，應該是已經下定決心了。」妻子會為了小事和城戶意見相左，但對重大決定從不過問。有了家人的理解作為後盾，城戶在二〇〇三年二月辭掉了工作將近八年的公司。

不過，在辭職之前他根本沒計算過設立酒莊需要多少錢。

「我想釀葡萄酒。」

單憑著那樣的想法辭掉工作，不光是資金，就連需要做哪些申請或文件也沒有個底，不知該從何準備，感到束手無策。

總之，先去申請製造葡萄酒的許可。為此，調查了酒莊的建物或設備需要多少費用，擬定事業計畫。

結果資金超乎預期，城戶這才發現不只是製造許可的申請，為了土地的農地轉用或衛生所相關事宜，要向行政機關提出的文件非常多。

（要是知道這些事，或許我就不會做了。）

城戶覺得有時候不知道反而是件好事。釀造設備方面，為了盡可能減省資金，除了熟成用的釀造桶，幾乎都是買中古品：以便宜的價格買下山梨縣某酒廠不使用的釀造槽，從停業的日本酒廠得到水管和木桶。

即便如此，還有建築物的建造與釀造設備、營運資金等，設立酒莊需要巨額資金，岳父出資加上自己和妻子的存款還是不夠，城戶向金融機構融資了數千萬日圓。

二〇〇四年七月，終於取得葡萄酒的製造許可，「Kido」酒莊正式成立。

不過，兩個月後的第一次釀造準備之前，岳父因為腦中風病倒，城戶丟下割草機趕回家中。

「如果我不說想經營酒莊，爸或許就不會中風了。」

他的內心不斷自責，同時也擔心岳父負責的尼加拉和康科德葡萄園該由誰來管理。除了岳父的身體狀況，他也苛責起擔心葡萄的自己，像是要贖罪似地每天往返醫院和葡萄園。

葡萄酒的釀造準備總算順利完成，葡萄酒也裝瓶了。

「Kido」酒莊的酒標描繪著人們開心進行秋日收成的風景。和兩個家人一起從栽種葡萄到釀酒全部一手包辦是很辛苦的事。週末也不休息，只有新年的時候休假，一年大概十天左右。所以，像酒標上那樣的田園風景也許一輩子都遇不到，但他依然沉浸在前所未有的喜悅中。

第四章

風土宿命論的詛咒

世界的葡萄酒產業將「釀造葡萄酒就是種植葡萄」視為最基本原則，相較之下，日本的葡萄酒產業可說是擁有極為特殊的歷史。理由是技術方面，釀酒葡萄的導入在初期栽培技術遇到困難，而且日本多年來沒有喝葡萄酒的習慣而是直接吃葡萄等各種因素。日本的農業情況和釀造許可制度等也有很大的影響。不過更重要的是，現在的葡萄酒公司沒有自有田，多數的產量是從他方購入，更進一步地說，事實上多是購買散裝葡萄酒或濃縮葡萄汁。葡萄的種類除了甲州，巨峰、珍珠葡萄（Delaware）、麝香貝利A（Muscat Bailey A）等都是不適合釀造葡萄酒的生食葡萄。這樣能算是葡萄酒產業嗎？

當然，用進口葡萄汁做成的葡萄酒或巨峰葡萄的伴手禮葡萄甜酒並不差，只是單純以葡萄酒生產者的立場來說，想和世界上的葡萄酒產地一樣，從種植葡萄開始認真投入，用那些葡萄釀造出自己滿意的葡萄酒。

岡本在談到自己設立酒莊的動機時寫下這段話。

那麼，日本究竟是擁有怎樣「特殊的歷史」，以至於幾乎沒有世界各國視為理所當然的自有農園百分之百葡萄酒公司，反而只能仰賴進口原料，栽種非釀酒葡萄的品種呢。

當三位宇介男孩告訴周遭的人想在日本種釀酒葡萄時，大家都異口同聲地反對：「要是種得起來，早就有人種了。」甚至有人說：「做那種事會被其他民族瞧不起。」為何會有這麼大的反彈呢？

解開謎題的關鍵，是麻井宇介定義的「風土宿命論」。

葡萄園各有特色，自然有所差異，這稱作「風土的差異」。但是日本與葡萄酒名產地的差異，卻有著無法跟上的宿命落差。這在葡萄酒的世界已是根深蒂固的觀念，命名為「風土宿命論」。（《釀酒的哲學》，麻井宇介）

法國的知名葡萄酒產地被稱為「受到神眷顧的土地」，人們相信那樣的土地擁有完美的自然條件，能夠釀造出優質葡萄酒。

在葡萄酒的世界經常會聽到Terroir（風土）一詞，指葡萄園的氣候、土壤成分、地勢起伏或採光等，被用來簡單說明葡萄酒具有獨創性的理由。

那麼，無緣蒙受上天恩澤的產地，就得背負著只能釀造二流葡萄酒的宿命嗎？以往大家都是默默接納這種情況。

比起波爾多夏乾冬雨的沙礫土壤，或布根地、香檳區的石灰質土壤，像日本這樣溫暖多雨潮濕的酸性火山灰土壤，難以栽種葡萄酒品種的釀酒葡萄，自然無法釀造出高品質的葡萄酒，人們只好打消念頭。

可是，環顧世界，那不過是臆測。紐西蘭的葡萄酒知名產地馬爾堡（Marlborough）就是在濕潤氣候下找出少雨區塊的成就。

說到釀造葡萄酒，「恩賜的風土」真的存在嗎？其實，能種植出釀造優質葡萄酒的葡萄之地才是「恩賜的風土」，那並非上天的恩賜，是靠人手創造而成，這件事不能忘記。

接著麻井如此斷言：

葡萄酒知名產地是人類創造出來的場所，所以要展開行動。自以為是命運的安排，將近一百五十年都沒有採取行動，所以人們才會無法逃脫「風土宿命論」的詛咒。

麻井不只研究釀造葡萄酒的技法，也徹底調查在日本為了釀造葡萄酒奮鬥的先人經歷過的辛苦與挫折。

多數提到關於日本葡萄酒歷史的書籍，都是從版籍奉還（一八六九年實行的中央集權政策）至廢藩置縣（一八七一年廢除傳統大名制度，設立新地方政府）的維新期間，住在山梨縣甲府的兩個人開始記載。（《日本葡萄酒的誕生與初創時代》，麻井宇介）

這兩人是山田宥教與詫間憲久。不過，麻井認為這只是記載在大正四年的《大日本洋酒罐頭沿革史》的傳言。至於為何會成為定論，他認為是想讓山梨縣成為葡萄故鄉的自治單位，和大型葡萄酒製造商互相勾結的意圖所致。山田與詫間創業後五年即停業，對日本葡萄酒市場應該沒有造成足以受到重視的影響。

何況在更早之前，明治政府已經展開大規模栽培釀酒葡萄的國策。

麻井在釀酒先驅宮崎光太郎舊藏的書架發現當時的資料，感到驚訝的他寫下：「曾經有這麼多人致力於葡萄酒的國產化，未達成志向而辭世，我好像在閱讀他們的墓誌銘。」

麻井將那段過去定位成模仿與傳統相互糾葛的歷史。

一八七一（明治四）年，右大臣（日本律令官制名，太政官之一，又稱右府、右相國）岩倉具視以特命全權大使的身分，和副手大久保利通、木戶孝允、伊藤博文等共計五十名的使節團，花費一年十個月的時間造訪歐美十二國，展開向國際社會學習之旅。在這趟旅程中，他們在法國見到釀酒葡萄。

> 葡萄的多數利益來自釀酒，釀酒葡萄與做成葡萄乾的葡萄、生食葡萄的種類各不相同。（《歐美回覽實記．二》，久米邦武、田中彰）

回溯至三百多年前的一五四九年，天主教傳教士方濟．沙勿略（Francisco Javier）到鹿兒島時也帶來了葡萄酒，卻成為德川幕府打壓的對象。

> 裝在玻璃容器的紅酒（tinto），那深紅如血的顏色是天主教傳教士從少女白皙的肌膚抽取而來，這樣的傳聞讓洋酒在日本普及化的初期過程白白浪費了三百年。（《葡萄園與餐桌之間》，麻井宇介）

直到明治時代都沒有釀造葡萄酒的確切紀錄，對日本人而言，葡萄酒是少部分的人在長崎出島才有機會喝到的夢幻逸品。

後來情況有所改變，明治政府打算舉國製造葡萄酒作為殖產興業政策，因此致力於栽培釀酒葡萄。

政府先從歐美進口葡萄樹苗，數量超過十萬株，樹苗的育成栽培是在現今成為新宿御苑的內藤新宿試驗所進行。一八七四（明治七）年，內務省設立勸業寮，內藤新宿試驗所的葡萄苗從岩手到鹿兒島分配至全國二十二府縣。位於舊島津藩邸四萬五千坪舊址的三田育種場，育種的葡萄品種多達近百種。

此外，北海道的開拓使官園在一八七二（明治五）年從東京青山試驗所移植樹苗，七年後也開始釀造葡萄酒。十年間移植了八十七萬株樹苗。

一八八〇（明治十三）年，兵庫縣加古郡設立播州葡萄園，第一代廠長是以福羽草莓聞名的福羽逸人，以籬架的方式栽培釀酒葡萄。

從種植葡萄到釀酒全部一手包辦的百分之百自營葡萄酒，是現在的日本幾乎不見蹤影的，其實早在明治初期就已經存在。

麻井提到，當時殖產興業政策的重點產業是製絲、製茶、棉花栽培（紡織）、畜牧（毛織物）、甜菜與甘藷栽培（製糖）、葡萄栽培（葡萄酒）。

除了葡萄，其他都是主要的貿易商品，出口品項第一名是生絲，其次是綠茶，然後是棉絲。進口品項的第一名是棉布，毛織物居次，砂糖第三。不過，葡萄酒為何會被指定為戰略製品呢？其實和米有關。

日本人的主食稻米豐收與歉收的波動大，儘管是出口品項前幾名，有時卻得仰賴進口。因為葡萄酒的生產會減少釀酒用的稻米，與開拓新田有相同的用意，被認為具有很大的經濟效益。

不只是官員，人民也團結一致，一八七七（明治十）年，山梨縣祝村設立民間最早的葡萄酒公司大日本山梨葡萄酒公司，通稱祝村葡萄酒公司。該年因為巴黎世博會，世博事務官長前田正名搭乘法國塔納斯號（Tanaïs）前往，之後他歷任農商務次官和山梨縣知事，是實現三田育種場的人。祝村葡萄酒的土屋隆憲、高野正誠也與他同行。

某天，法國人對著高野舉起棍棒說，你是敵人，理由是日本的生絲產業興盛，桑田很多，法國也是如此。將來日本若成為葡萄的產地，就會變成法國葡萄酒的競爭對手，所以是敵人。（《飛翔吧日本葡萄酒現狀與展望》，大塚謙一、山本博）

高野想要釀造出能媲美法國的葡萄酒而留學法國。

當時日本甚至沒有葡萄酒瓶，人們從海底撈拾自橫濱入港的外國船隻扔出的廢瓶，拿來裝葡萄酒。撈瓶子時會發出喀啦喀啦聲，因此那時的葡萄酒被稱為「喀啦喀啦葡萄酒」。一八八三（明治十六）年，日本首家製瓶工廠成立。

如果持續下去，日本的葡萄酒歷史將變得截然不同。

然而，一八八五（明治十八）年，三田育種場發現了根瘤蚜蟲病（Phylloxera）。根瘤蚜蟲是寄生在葡萄根的害蟲，傳染力極強，能讓整個地區在很短的時間內遭受毀滅性的損害。不光是日本，除了智利，全球的葡萄酒產地大量受災，葡萄幾乎滅絕，日本也逐一燒光葡萄。

原來，歐洲的葡萄栽培者從美洲新大陸進口葡萄樹苗時，把附著在葡萄上的根瘤蚜蟲也一併帶入。沒有免疫力的釀酒葡萄全數毀滅，而且美洲葡萄不適合釀造葡萄酒。

不過，釀酒葡萄因為根瘤蚜蟲無法直接栽種，所以把倖存的美洲葡萄品種Vitis labrusca（意指野蠻的葡萄）當作砧木，嫁接釀酒葡萄，葡萄產地總算慢慢恢復。現在除了智利和澳洲，全球葡萄幾乎都是嫁接栽培，但日本已經放棄栽種釀酒葡萄。

當時因為栽培釀造技術不成熟，無法釀造出正統的葡萄酒也是受挫的原因之一。前文提到日本最早釀造葡萄酒的山田與詫間的葡萄酒也是如此。

《甲府市史》中指出資本少加上釀造方法拙劣導致失敗，明治九年不得不停業，津田塾大學的創辦人津田梅子的父親津田仙也喝了兩人的葡萄酒，證實無法釀造出良好的葡萄酒。（《農業雜誌》第二十九號）

或許是因津田的指正大受打擊，兩人繼續用山葡萄釀造葡萄酒，也向山梨縣令藤村紫朗遞交「釀造葡萄酒請託書」，文中提出「我們想要栽培適合釀酒的西洋葡萄樹苗兩萬株，請幫忙訂購」的請託。要釀造出好的葡萄酒，必須有釀酒葡萄。他們也提出想借貸釀造資金的申請。藤村拜託當時的內務卿大久保利通，得到的答覆是「請努力成功釀造出葡萄酒」，以無利息的方式借出一千日圓。當時政府將栽培葡萄視為殖產政策的一環，足見其熱衷程度。不過，最後山田他們隨著其他事業的失敗而停業，其他挑戰釀造葡萄酒的人也相繼失敗。

因為貴族們說釀造不出自己國家的葡萄酒或香檳是國恥而設立的帝國香檳股份有限公司，製造的製品甚至難喝到被員工詆毀成小便酒。（《日本的葡萄

酒》，山本博）

祝村葡萄酒也因為市售品腐敗等問題頓失銷路，一八八六（明治十九）年不得不解散。在法國只有一次釀造體驗的土屋寫下「釀造葡萄酒其實很容易」，但並非那麼簡單的事。

不過，如果沒有根瘤蚜蟲的打擊，日本的釀酒葡萄會變得怎樣呢？

一八九〇年左右，預估可收成超過百萬株釀酒葡萄、可釀造出約三千兩百公秉（一公秉等於一千公升）的葡萄酒。這是和第一次葡萄酒風潮前的一九六九（昭和四十四）年相同規模的數量，這在日本人對葡萄酒不熟悉的明治時代算是相當暢銷，而且當時的人口只有三千九百萬人左右。

原本禁止殺生的飲食生活變得歐美化，肉鋪攞出政府許可，向明治天皇提供肉食，對主張破除舊習的維新政府來說，清酒與葡萄酒沒有差異。

日本釀造的葡萄酒可能會乏人問津，這樣的擔憂絲毫未現。（略）不過，對幾乎不吃肉的人們來說，用葡萄酒取代清酒，就像是試圖以解除髮禁佩刀令來終結武士階級那樣，難有成效。（**《日本葡萄酒的誕生與初創時代》，麻井宇**

介）

後來，歷經大久保利通的暗殺、明治十四年的政變，造成殖產興業政策轉換。釀造葡萄酒不再是國家政策，釀酒葡萄的栽培畫下句點。

在放棄種植釀酒葡萄的日本，在葡萄栽培中成為主流的是美洲葡萄的巨峰或勝沼原種的甲州葡萄等，生食之外的剩餘葡萄才用來釀酒。甲州已是多年來被栽種為生食葡萄的品種，如今也在市場上以生食葡萄流通。

這種情況下的一八九〇（明治二十三）年，出現了重新開拓葡萄園的人，而且是在新潟縣北方村（今上越市）的大雪地帶。這座岩原葡萄園的園主川上善兵衛之後又擴增葡萄園，栽種了三百二十一個品種的葡萄。他向留學法國的土屋拜師，寄住在土屋的住處學習。不過，川上釀的葡萄酒賣不出去，因為是沒有甜味的正統葡萄酒。

於是，他嘗試配合日本人的喜好，改良釀酒葡萄的品種。現在以山梨縣為中心栽培的麝香貝利A也是川上的改良品種。然而，達到那樣的程度時，他的葡萄園卻已拱手讓人，財產也一毛不剩。

結果，在日本栽培釀酒葡萄的熱情至此全然耗盡。

後來，日本的葡萄酒釀造變得如何呢？

針對討厭澀味、喝起來不甜就無法接受的日本消費者，業者絞盡腦汁做出在葡萄酒裡加酒精、砂糖、香料等的日本特有仿酒「甘味葡萄酒」。原料的葡萄酒或葡萄的品質坦白說並不重要，所以當時是使用原料低廉、品質也好的進口散裝葡萄酒。

最初的開端是一八八一（明治十四）年神谷傳兵衛產製的蜂印香竄葡萄酒。當初他以從法國人在橫濱經營的釀酒廠學到的知識，在壓碎的葡萄汁裡加酒精、砂糖、水、香料、色素、藥品混製成葡萄酒，卻完全不受青睞。於是，他加入進口的外國產葡萄酒，做成甘味葡萄酒。他把這個當作藥用飲料宣傳，成為首度獲得成功的日本國產葡萄酒。

在祝村葡萄酒有過販售經驗的宮崎光太郎也察覺到甘味葡萄酒的流行，於是設立大黑葡萄酒，販賣「蝦印葡萄酒」等商品。麻井後來也加入大黑葡萄酒，製造甘味葡萄酒。

相較於此，壽屋洋酒店的鳥井信治郎從一九〇七（明治四十）年起販售「赤玉波多葡萄酒」，銷售額急速成長。

葡萄酒不是出自栽培葡萄的人也不是釀造師，主要是具有調配醫藥品經驗的人。

> 葡萄酒打從一開始與其說是嗜好品，不如說是當作為了健康、對預防流行病有幫助的保健飲料而上市。（《CLINICIAN》vol.56 no.575）

廣告打出醫師的分析，強調「滋補強身」或「美容健康」而奏效。

「喝的保養品！當作慰問品！」宮內用品承辦商的神奈川縣「皇國葡萄酒」的海報上也寫著那樣的文案，以藥瓶為背景，穿著白衣的女性面露微笑。

為了販賣不甜的「皇國生葡萄酒」，還在《橫濱貿易報》刊登這樣的廣告。

> 因為真材實料，效用第一，口感第二。
> 天然與人工的效用不同，不好喝卻很有效。

不甜給人難吃的印象，但因為是沒有添加酒精的天然葡萄酒，具有良好的藥效。

關東大地震的隔年還出現了這樣的廣告：

> 去年發生了空前的關東大地震，雖然仍在重建的過程中，傳染病也正盛行，面對這樣的非常時期，各位要注意身體健康，經常飲用適當的衛生飲料，讓自己充分擁有抵抗惡疾細菌的抵抗力，皇國葡萄酒很有幫助。

有別於被當作健康飲品、以女性為中心的都市消費群，甘味葡萄酒還有另一種型態：一升（約一．八公升）瓶裝的葡萄酒。麻井說這類酒因與插秧、割稻等農務有關而暢銷。

以往為了消除務農的疲勞，女性會喝等量的本味醂和燒酒混合的「本直」。葡萄酒因為比本直更適合女性飲用而受到歡迎。諷刺的是，甘味葡萄酒人氣高漲的同時，不甜的餐酒陷入苦境。

於是，日本放棄了葡萄酒要從種葡萄開始這種理所當然的常識，一股腦地偏向仿造酒。然而，酒精的進口稅率逐年提高，日本必須進行添加酒精的國產化，讓神谷傳兵衛再度取得先機。

> 他靠甘味葡萄酒獲得成功是（略）使用廉價進口品作為原料，絕不插手龐大的支出和未必會得到預期成果的葡萄園經營。（《葡萄園與餐桌之間》，麻井宇介）

不過，神谷亟欲擺脫仿造品，想釀造正統的葡萄酒或香檳的念頭越來越強烈。他讓養子到法國波爾多留學，花三年的時間學習葡萄的栽培與釀造，養子回國的一八九七

（明治三十）年，從波爾多運來六千株樹苗，他在茨城縣牛久種植樹苗，模仿波爾多的酒莊完成廣大的葡萄園及釀造所。

然而，戰爭讓國外原料的使用蒙上陰影，一九三六（昭和十一）年，散裝葡萄酒的主要進口國西班牙爆發內戰。

日本不得不正式轉換為使用國產原料。

壽屋洋酒店和大黑葡萄酒於是在長野縣鹽尻市的桔梗原建造自己的釀造所，蜂印則強化與地方酒廠的關係。過去，桔梗原是荒涼的原野，在城戶曾經任職的林農園創辦人林五一開拓下，成為也用來製造果汁的康科德葡萄的一大產地。隨著大公司在此建造自己的釀造所，發展為國產葡萄的產地。太平洋戰爭爆發後，葡萄酒成為配給酒，產量大增。一九四三（昭和十八）年產量超過三千萬公秉，是罕見的產量激增，理由卻與成為配給酒的情況不同。

「葡萄酒是武器啊！」

當時出現了這樣的口號，當時最先進的聲納武器（電波探測器）的材料，是葡萄酒中所含的酒石酸物質精製而成的酒石酸鉀鈉。人們甚至收集釀造桶或酒桶附著的粗酒石。

飢荒變得嚴重，果樹園被要求改種薯類等作物，只有葡萄因為這個理由而倖存。萃取完酒石酸剩下的葡萄酒成為配給品，但很快就氧化，被稱為「兔子酒」。因為味道酸澀，喝了會像兔子豎起耳朵那樣到處跳躍。

作家永井荷風在《斷腸亭日乘》如此描述兔子酒：

三月初七陰天，接近正午時分，警報響起。我到西窪的澡堂洗澡，想著要問清潭子的病況，但天色似乎會下雨，於是爬上江戶見坂返家。隔壁的老婦有配給的葡萄酒，拿了一罈來。付了二圓五十錢嘗嘗味道，那滋味就像把葡萄擠成汁，酸到難以入口。不知道做法隨便釀造的假酒，好比不了解敵國情況就開戰的愚蠢行為，令人想笑又覺得可悲可怕。

麻井宇介出生後第一次喝到葡萄酒，是在終戰後的十五歲。

國民學校的教室被當作宿舍，因為陸軍糧秣廠糧食集聚地的設立，依學徒勤勞令（動員中學以上的學生到軍需工廠工作）被徵召。

八月十五日之後，很多人回到家，但麻井和三名軍人一起留守。在他們看守時，如果占領軍來了，收集的糧食會被全部沒收。

為了排解內心的空虛，他們將「濃厚酒」和水一起倒入水壺煮沸，裝在碗裡喝。「濃厚酒」的酒精濃度非常高，通常會用水稀釋三至四倍才喝。

老兵長從大白天就經常眼神呆滯，據說他是直接喝了「濃厚酒」，但沒人看過他喝。見他攤開核對員數的新帳簿一臉恍神，那虛無、不知何時會爆發的瘋癲，令人害怕。

我只有一次被兵長逼著喝酒，所以看到了他喝酒的模樣。一言不發，把碗硬塞給我，我抱著挨拳頭的心理準備喝下酒。碗裡是甜甜的「航空葡萄酒」。（《酒、戰後、青春》，麻井宇介）

那是特攻隊在出擊前對飲的甜紅酒。

後來，麻井進入東京工業大學就讀。戰後缺酒情況嚴重，劣等燒酒和名為炸彈的私酒橫行，他的朋友因為甲醇（假酒）中毒喪命。酒類的配給制度持續至一九四九（昭和二十四）年，但針對從事煤炭產業或稻作農業的人，會特別配給酒作為增產獎勵。當時酒對人們有著莫大的影響力。

大學畢業後，麻井進入製造甘味葡萄酒的大黑葡萄酒，那是美露香的前身。大黑葡萄酒主要生產甘味葡萄酒和威士忌，也製造少量的藥用葡萄酒。有段時期打算製造甘味白葡萄酒，卻無法確保生葡萄的數量。麻井接到上司的命令：

「不能減少生葡萄酒的比例嗎？」

「大概多少呢？」

「可以的話，降為零。」

「是完全做成合成葡萄酒嗎？」

「合成清酒也是在理研酒那時候出現的。現在只用五％的米就能做出不輸三增酒（三倍增釀酒，在清酒中加入稀釋的酒精，使量增加約三倍）的品質。」

（《酒、戰後、青春》，麻井宇介）

理化學研究所開發了不使用米的合成清酒，稱為「科學酒」，上司要他用那樣的方式製作葡萄酒。於是，麻井只用五％的原酒率製造甘味葡萄酒。

當時有製造甘味葡萄酒的原料葡萄酒，僅少量是未添加甜味的「生葡萄酒」。這種酒不是混合物，由此可知大部分的葡萄酒都是混合了砂糖或調味料、酒精製成。

除了啤酒以外的日本洋酒，因為甘味葡萄酒的成功得以國產化。可是，如此重要的葡萄酒，卻在真正的國產化上失敗，真是諷刺的結果。

一九七三年左右起，日本的葡萄酒市場急速擴大，根據國稅廳的資料顯示，一九七五（昭和五十）年，甘味葡萄酒和餐酒的消費量逆轉，這是第一次葡萄酒風潮。

在日本，葡萄酒的生產已經超過百年。

這個時期，口感好、新鮮且充滿果味的白酒釀造技術確立也是原因之一。而且，日本的飲食生活西化，人們與葡萄酒變得親近。

然而，釀酒葡萄的栽培還是老樣子毫無進展。

葡萄的產量在昭和五十年代中期達到顛峰後持續減少，葡萄酒的釀造量卻增加。

「葡萄酒是用爛葡萄做出來的。」

這樣的傳聞始終不間斷。的確，無法賣到市場的受損葡萄很多是事實。

儘管葡萄酒風潮反反覆覆，還是畫下了句點。

不過到了平成，日本的葡萄酒業界出現重大轉變。一九八九（平成元）年施行消費稅的導入等重大稅制修正，酒稅法的級別制度廢除以往的從價稅制度，變成從量稅制度，使得成本減少。再加上澳洲、智利、美國大力發展葡萄酒，那些國家產的葡萄酒大量流入日本。

過去，日本葡萄酒的價位以一千日圓左右為主，因為這樣的價格得以與進口葡萄酒共存。隨著稅制修正，低價品質好的進口葡萄酒大量進入日本。

一九九〇年代後半，掀起戰後最大的葡萄酒風潮。

「多酚有益健康。」

發表了這樣的論文後，富含多酚的紅酒大受歡迎，就連老年人也開始喝起紅酒。人們和一百多年前一樣，基於「藥效」而喝葡萄酒。

只要是葡萄酒——即使是日本葡萄酒——就會熱賣，然而生產卻趕不上激增的需求，因為無法確保國產葡萄的產量。而且幾乎沒有種植釀酒葡萄，要確保適合用來釀酒的葡萄更是難上加難。

因此，受到進口葡萄酒逼迫的日本葡萄酒業界不得不仰賴進口原料。進口的是生葡萄、濃縮葡萄汁、生果汁以及散裝葡萄酒這四種。這些不是在葡萄酒風潮後才開始的，而是明治以來持續的生意擴大發展。

從國外買入大桶裝的散裝葡萄酒直接在國內裝瓶，就能降低成本。

麻井也採購了法國等世界各國的散裝葡萄酒，雖然有祝賀贈禮用的紅、白葡萄酒需求，日本實在應付不來。他還到當時不符合品質標準的智利和阿根廷進行技術指導，讓那些地方發展為葡萄酒大國。

想要釀造廉價的葡萄酒，使用濃縮葡萄汁是最適合的方法。如果是果汁，進口時的關稅稅率較低，把果醬般的果汁用水稀釋，在日本發酵成葡萄酒。

也可以說，為了讓味道變好，所以要進口國外產的生葡萄和生果汁。在生食葡萄占多數的日本，釀酒葡萄非常少，釀造不出優質的葡萄酒。

同樣的情況也適用於散裝酒（bulk wine）。

散裝酒給人「冒充」的深刻印象，的確那種做法欺瞞消費者的成分很大，另一方面單就味道而言，多數混合散裝酒的品質，反而更優於純國產酒。

酒廠的葡萄酒味道如果突然變好，就會被謠傳「他們加了散裝酒」。由此可見，日本葡萄酒的品質低劣。

進口的葡萄品種是卡本內蘇維濃、黑皮諾、夏多內、白蘇維濃（Sauvignon Blanc）等釀酒葡萄為主。

這也證明了葡萄酒的品質取決於葡萄。

最大的問題是，使用進口原料的葡萄酒，卻堂而皇之地稱為「日本葡萄酒」。

讓人不禁想問，到底是根據什麼稱為日本葡萄酒。當然，葡萄酒不是以釀造地為根據，而是以葡萄的收成地作為出身，這是常識。（《日本釀造協會誌》一九九三年五號）

一如麻井的主張，以世界的常識來說，使用進口原料的葡萄酒不算是日本葡萄酒。但卻可以光明正大的名稱販售。現在市售的葡萄酒約八成是使用進口原料，以為是國產而購買的葡萄酒，通常是保加利亞或南非、克羅埃西亞產的葡萄酒。

二〇〇七年度農林水產省的「特產果樹生產動態調查」指出，日本都道府縣的釀酒葡萄生產狀況，第一名是北海道、第二名是長野縣、第三名是山形縣、第四名是兵庫縣、第五名是岩手縣，被認為是葡萄故鄉的山梨縣排名第六。

可是，根據國稅廳統計的課稅數量，也就是葡萄酒產量，二〇〇七年度的調查中，第一名是山梨縣、第二名是神奈川縣，但神奈川縣幾乎沒有生產釀酒葡萄。

這是因為山梨縣有許多家大型的葡萄酒工廠，如前所述，從國外採購材料生產。而且，山梨縣有栽種生食兼用的葡萄「甲州」也是原因之一。至於神奈川縣，推測是將進口的散裝葡萄酒在港口附近的工廠加工製成。

依照日本的法律，只要釀造場所在日本就是「國產」，就和漁獲卸貨的定義一樣，世界上幾乎沒有像日本這樣的國家。

為何會變成這樣呢？因為日本沒有葡萄酒法。大部分生產葡萄酒的國家都有制定葡萄酒法，必須記載原產地。而且一九三五年制定的法國原產地命名控制（AOC），不只是針對栽培地區，對能夠栽培的葡萄品種、栽培方法、收成時的糖度、單位面積收成量、可能生產的葡萄酒色等也都有嚴格規定。美國的美國葡萄種植區（AVA）亦是如此。

因此對於葡萄酒的標示，只有日本酒廠協會的自主規範。根據該規範，「日本葡萄酒」是指①在日本國內製造的葡萄酒、②混合進口葡萄酒的葡萄酒。若在國內製造的話，使用濃縮果汁或混合散裝葡萄酒就是「日本葡萄酒」。

制定這個自主規範的契機是一九八五（昭和六十）年發生的「二甘醇（diglycol）假酒事件」。這是在奧地利的葡萄酒裡發現混入汽車防凍劑的二甘醇，在社會上引發重大問題的事件。二甘醇含有對人體有害的物質，大量攝取可能致死，但混入葡萄酒中，會讓糖度不足的葡萄酒喝起來有高級甜葡萄酒的味道。這起事件讓奧地利葡萄酒受到全球批判，結果應該只存在於奧地利葡萄酒的防凍劑，在「日本葡萄酒」中也被檢驗出。「MANNS WINES」公司混合奧地利葡萄酒，當作「國產貴腐酒」以一瓶三萬日圓販售，使得日本葡萄酒與進口葡萄酒混合一事浮上檯面。此時，日本國內的酒廠齊聚進行協議，終於制定了國產果實酒標示的相關規範。

不過，這是認同混調的內容，而且日本酒廠協會的自主規範沒有罰則，不屬於協會或縣的業界組織根本無須擔心。

在實質意義上可以察覺到偽裝歷史的日本葡萄酒，儘管在明治時代失敗，至今為何依然沒有在日本栽種釀酒葡萄呢？

> 過去栽種釀酒葡萄的嘗試遭逢兩大難題，第一是日本風土無法培育歐洲葡萄酒產地品種這樣的偏見；第二是葡萄農家的經營上難以接受栽種釀酒葡萄的想法。（《日本釀造協會誌》，一九九三年五號）

栽培釀酒葡萄不僅耗費成本，技術也很困難，且種下樹苗到收成需要等候三年。葡萄酒製造商的責任也很重大，在紅酒風潮之際，即使價格昂貴也想要買葡萄，不斷催促農家栽種。種下葡萄等到可以收成時，風潮已退燒，價格因此暴跌，有些製造商便不會購買。不只是在葡萄酒風潮的時期，製造商與農家之間的不平等關係常讓果樹農家感到為難。

在那樣的歷史中，還是有栽培釀酒葡萄的地區。北海道是栽種米勒圖高（Müller-Thurgau）或克納（Kerner）等德系品種，長野縣鹽尻或小諸是梅洛、夏多內，山形縣上山是卡本內蘇維濃、梅洛。其中，與麻井有關的長野縣鹽尻的「桔梗原梅洛」是獲得高度評價的正統葡萄酒。不過，當時是採行棚架栽培，且不是在自有農園，而是委託契約農家栽培。

> 只要有栽培葡萄的常識就知道，無論是北海道或桔梗原都稱不上適宜的土地。尋求恩賜的風土是成功的關鍵，或是種植成功的土地是一種恩賜呢？我想波爾多、布根地或萊茵高（Rheingau）或許都屬於後者。風土並非上天所賜，而是人類對大自然產生影響，創造而成。釀造好的葡萄酒這件事，要從培育潛力高的葡萄開始。若是逃避那樣的努力，我們便無法對日本製造的葡萄酒感到驕傲。（《日本釀造協會誌》，一九九三年五號）

雖然麻井成功挑戰栽培葡萄，但身為公司員工的他也曾採購散裝葡萄酒，使用濃縮果汁。即便如此，他對這樣的主張應該已是有所覺悟。但不得不說，像他那樣身處葡萄酒現場的人，最能切身了解葡萄酒就是葡萄這件事。

於是，抱持著不欺瞞消費者想法的葡萄酒釀造得以在日本延續。那樣的酒不是特別便宜，也沒有很好喝。

但出乎意料的是，日本葡萄酒有很大的市占率。在日本的葡萄酒消費量中四〇%是日本葡萄酒（包含進口原料在內）。

那是採取了怎樣的銷售手法呢？關鍵字是「安全」。

「國產」葡萄酒就是比國外產的葡萄酒來得「安全」，有這種想法的消費者很多。其實，葡萄酒以外的食品，「國產」被視為一種品牌，安全受到信賴。

可是，以為安全的日本葡萄酒，卻是從國外買來的大木桶廉價葡萄酒或濃縮果汁，經過長時間的船運送至日本。葡萄酒是很敏感的飲品，保存上溫度或濕度的管理很重要。然而，在船裡搖搖晃晃好幾週才運至日本的散裝葡萄酒，為了在這段期間內不會劣化，必須添加防腐劑或穩定劑。

這麼一來，實在很難說會比其他進口葡萄酒來得「安全」。受到嚴格法律規範的法國 AOC 葡萄酒或加州的 AVA 葡萄酒應該還比較安全。

儘管實際情況如此，卻又有加速欺騙消費者的行為。

那就是「無添加葡萄酒」。

無添加是指，不使用二氧化硫，也就是防止氧化劑的葡萄酒。反之，其他可能都是有添加的葡萄酒。

世界上被視為高級葡萄酒的葡萄酒，幾乎都有添加二氧化硫。羅曼尼康帝酒莊、瑪歌酒莊、彼德綠酒莊（Château Pétrus）都是如此。因為一般認為如果不那麼做，或許就無法經歷多年時間的熟成。就連日本葡萄酒大廠自家公司的最頂級葡萄酒也含有二氧化硫。美露香的「桔梗原梅洛」是這樣，三得利的「登美」也是如此。

二氧化硫不只防止氧化，也有防止酵母再發酵，或讓顏色變鮮豔的效果。因此，無添加二氧化硫的葡萄酒可能顏色較淡，會有輕微發泡，就算是新年份的葡萄酒也有熟成的味道。

確實，近年來盡量減少二氧化硫的自然派葡萄酒很受歡迎。可是，日本的「無添加葡萄酒」和自然相距甚遠，是將濃縮葡萄汁用水稀釋後發酵，再經加熱殺菌後售出。

其中也有用已經添加二氧化硫的進口濃縮葡萄汁製造葡萄酒，裝瓶前才進行化學脫硫的酒款。(《葡萄酒的自由》，堀賢一)

以岡本為例，他採用無添加二氧化硫、無化學農藥的方式栽種葡萄。但如此一來，他每天從早到晚必須逐一殺死葡萄上的蟲，這樣耗費時間心力的酒廠究竟有幾家呢？

二〇〇六年，日本酒廠自主規範睽違十九年終於有所改變，在使用進口原料的情況，必須依照量的多寡依序記載在酒標上。不過，酒標上記載的東西大多不顯眼。另一方面，將無添加三個字很醒目地放在酒標上，利用文字操控人心的日本製造商，則讓消費者理所當然地相信，他們製造的葡萄酒就是使用日本栽培的葡萄釀造而成。

至於岡本的葡萄酒，不是為了用無添加或有機做宣傳，所以完全沒有標示在酒標上。他並非一開始就有不添加二氧化硫或要做有機葡萄酒的想法，而是覺得那對自己來說是好喝的葡萄酒才那麼做，因此覺得沒必要刻意做宣傳。

第五章

葡萄酒與愛情和瘋狂

「釀造葡萄酒最辛苦的事，那就是戀愛和結婚啦。」

曾我對初次見面的我這麼說。二〇〇五年，宇介男孩三人的葡萄酒友會在銀座的法國餐廳舉行。我一直持續採訪岡本，那天是我第一次見到曾我。帶著圓框眼鏡、光頭的曾我坐在我的正對面，被葡萄的色素染成深紫色的手指交握著。

聽到他那麼說，慌張的我露出尷尬的笑容，因為我真的一無所知。確實，那對釀造者來說是很沉重的問題。

二〇〇二年，岡本和成立葡萄園後一路辛苦打拚的妻子離婚，結束兩年半的婚姻。

我已經做不下去了，他們為此談過很多次，結果某天岡本從葡萄園裡回到家，妻子的行李全都不見了。

「我不想種葡萄。」

他們的生活很窮困，連吃飯都有問題。時薪七百日圓的打工錢無法用於生活費，必須當作葡萄園的資金。

他們在津金沒有家人或親戚，沒有公司的同事和朋友。在毫無地緣與血緣，無依無靠的陌生土地，從一無所有到租借田地、釀造葡萄酒是超乎想像的艱困之路。雖然也有像知名插畫家玉村豐男那樣有其他本業、成功經營酒莊的人，但岡本並非如此。這是他的本業，他是釀造者，從二十多歲開始獨立栽種葡萄，可說是十分魯莽的挑戰。

一切都很不穩定。

葡萄園是租借的土地，只能租十年。沒有酒廠的許可，也沒有釀造設備，釀造準備也是在借來的地方進行。只要對方說一句「給我離開」就必須摸摸鼻子走人。葡萄酒的銷售也不如預期，到餐廳拜託對方「請擺上我的葡萄酒」卻總是吃閉門羹，只有附近的觀光設施和幾間度假屋願意賣。

夫妻倆在金錢、時間、精神上受到逼迫，經常感到煩躁。如今葡萄酒賣得很好、大獲好評是他當初從未想過的事。

明年會變得怎麼樣，能不能活下去都不知道的生活，令妻子身心俱疲。

「你不必下田幫忙。」

結婚時，岡本和妻子做了這樣的約定。可是，原本一起工作的夥伴離開，一開始妻子就必須幫忙，但她還是盡心盡力協助。不過，其實她也有自己想做的事，她是岡本在FUJIKO時期的同事。

「如果沒有辭職，或許就不會離婚，可以好好生活下去。」

即使這麼想，他還是從未有過放棄葡萄園的念頭。簡直就是自己播的種，為什麼會有其他的選擇呢？現在停手的話，剩下的只有債務。

他感覺到妻子離開後，房子的溫度變得稍微低了些。

之後，岡本長時間待在葡萄園。

以往在種樹苗或收成時，他會邀客人或朋友，經常在葡萄園裡聚會，他很喜歡大家吵吵鬧鬧的氣氛。不過，現在他完全放棄這些，也不接受別人的參觀。從二〇〇二年到〇四年左右，幾乎沒見任何人，一整年只和幾個人說過話。

在工作空檔，他只會閱讀麻井的著作《釀酒的哲學》《釀造葡萄酒的四季》等數本書和演講紀錄。反覆讀了數十遍，幾乎可以背下來了。因為電視也不能看，所以他反覆看著同一部電影的錄影帶，看到錄影帶都磨損了。他最愛看的電影是《北非諜影》，看了好幾百遍。

岡本離婚是在麻井過世那年，從這年起，岡本改變了釀造葡萄酒的方式，成為現在獲得好評的基礎。

起初是想在津金釀造約兩千日圓的餐酒，但二〇〇二年的葡萄非常濃郁，已是超過兩千日圓的品質，所以改成賣三千七百日圓。

岡本也依麻井遺言的託付釀造了藤澤葡萄酒會上提供的「Providence」那樣的葡萄酒。

基本上不添加二氧化硫，等到發酵完全結束才榨汁。這麼一來，葡萄雖然會氧化釋出澀味，味道卻很棒。岡本不想只追求順口，他想做出盡可能引出葡萄真正美味的酒。

岡本從不離開葡萄園和山中的鐵皮屋，日復一日和田裡的大自然相處。

然後，就像禪僧一樣一整天、一整年持續思考。

「葡萄酒是什麼？」

「大自然是什麼？」

那是猶如禪修般永無止盡的冥想。反正他有的是時間，在彷彿永恆的時間之中，岡本一心只想著那些事。

在葡萄園時，岡本甚至不聽音樂或廣播，專注於凝視葡萄和培育葡萄的山、空氣與大地。

要是過著普通的生活絕對做不來，因為要思考的事情太多，家人的事、戀人的事、職場的事、朋友的事。因為過著那樣的日常生活，即使開始思考關於葡萄酒或大自然，也會因為其他瑣事，讓思緒變得模糊不清。可是，現在的岡本一無所有，眼前只有每天培育的葡萄。

沉睡的樹苗浮出水面，全部開始萌芽，綻放散發迷人香氣的花，葉子朝天邊伸展，果實像寶石般閃耀七彩光芒，然後樹木枯竭，接著又恢復生機。反覆經歷這樣的過程，被蟲蛀、被狸貓啃食，經受長期雨淋。儘管如此，葡萄還是持續結果。

他幾度思索麻井留給他的話語：

「撕掉教科書。」

「用自己的頭腦思考。」

麻井著作中的字句帶給他力量。

不過是葡萄，不過是葡萄酒，是否有人願意披頭散髮拚命投入其中，決定了它的歸宿。（《釀造葡萄酒的四季》，麻井宇介）

這個地方適合或不適合種葡萄，是毫無根據的說法。適地的條件其實毫無意義，是培育出好東西之後才被賦予理由的……。在那樣思考的過程中，岡本的想法改變了。

回顧過往，他發現自己是從未深入思考，光憑氣勢行動的人。四個人一起開始的葡萄園變成三個人，後來變成兩個人，最後只剩他獨自一人。不考慮細節就和夥伴一起開始種葡萄，沒有預想將來就結婚，全都是順勢而為。釀造好喝的葡萄酒，大家一起喝一定會很開心，以這樣草率的心態開始這一切。結果傷害了周遭的人，自己也遍體鱗傷。

然後，他想到的是「葡萄酒是大自然的產物，人類也是大自然的一部分」。

葡萄酒是什麼？

那是土地最直接的表現。岡本打從心底相信大自然沒有所謂的好壞，原本就很美好。有了這樣的確信後，只要坦率地表現大自然的原貌就可以了。這麼一來，一定能做出好東西。

如果做不到，那是因為自己的自我或欲望，無法以坦率的心情看待事物。不過，岡本要真正捨棄這些尚需一些時間。

「你要葡萄酒，還是我？」

曾我從大學時代開始交往，在二〇〇二年結婚的妻子也曾要他做出選擇。

對從小在都市長大的妻子而言，嫁入酒廠工作不是那麼簡單的事。

不知如何是好的曾我花了三小時找岡本商量。他們走在津金冬季的葡萄園，聽了曾我的話之後，岡本這麼說：

「曾我，還是分開吧，那樣一定會比較輕鬆。」

城戶寄來寫滿三、四張信紙的信，信中也是寫著：「這樣下去曾我的身心會承受不住，為了將來要有踏出那一步的勇氣。」

提出離婚協議書的那天，曾我動彈不得，妻子用宛如母親的神情告訴他：

「總之我會提出離婚申請。」

後來，曾我獨自住在透天厝，抱著剛養不久的小狗鑽入被窩。他每天早上五點起床，自己做帶到葡萄園的午餐和晚餐的便當，通常是咖哩或牛肉蓋飯等簡單的料理，也很常吃即時調理包。每天午餐和晚餐的便當都是相同菜色。

曾我決定去北海道，那裡的土地具備能夠種出優質葡萄的潛力。聽說他很想種的黑皮諾，比起本州在北海道更適合。

他和岡本、城戶談過好幾次，計畫也有了具體的進展。

（今年是我在小布施釀造葡萄酒的最後一年了。）

他邊這麼想，邊進行釀造的準備。只要離開這裡，一切應該就能解決。但，到了最後一刻，曾我還是無法捨棄。

無法捨棄什麼呢？

父母兄弟、朋友浮現在腦海，還有最懂他的祖父，以及那些照顧過他卻已經過世的人們。

不過，挽留曾我的最大原因是葡萄園。那是他從零開始自己開墾的地方，無法見到幼小樹苗長成的葡萄，他覺得很難受。種下之後過了五年、十年會不會長出好葡萄呢？會是怎樣的情景呢？離開就看不到那些，即使看到了，自己也沒辦法用那些葡萄釀造葡萄酒。他覺得好像拋棄了自己的孩子，他想看孩子健康茁壯、成家立業的模樣。他受不了被其他人奪走那些葡萄，心裡無比悲傷、萬分難受。

儘管知道自己這樣很反常，但他抑制不住滿腔的情緒。

「你要我，還是要貴彥？」

這次換曾我逼父親做出選擇。

弟弟貴彥從工作了將近十年的栃木縣足立市的「CoCo Farm」酒莊辭職，說他想回到長野，像哥哥一樣在長野種葡萄、釀葡萄酒。

可是，曾我無法接受這件事。他沒辦法和弟弟一起工作，所以叫他別回來。父親得知後大為震怒。

「你為什麼不叫你弟回來！」

從小到大，他一直聽著父親不斷提起「繼承家業」這句宛如咒語的話。父親總說「三個人要同心協力釀造葡萄酒」，也經常提及戰國時代名將毛利元就的三支箭的故事，一支箭即使脆弱，三支合在一起就折不斷。

選擇大學科系時，曾我就讀農學院，學習食品的微生物。對釀造葡萄酒來說，微生物的相關知識不可或缺。

「既然這樣，我要做不一樣的事。」

小一歲的貴彥於是進入東京農業大學主修釀造。

「我要做和哥哥們不一樣的事，對酒莊有所貢獻。」

老么專研機械，這是為了當酒廠的機械故障時，可以進行維修。

曾我到法國留學時，貴彥也說：

「哥去法國的話，我要學習別的方法。」

然後到有美國釀造者的酒莊工作。

過去感情很好的兄弟，卻因為自己的任性破壞了家庭的和諧，粉碎弟弟想回家鄉的期盼，以及父親多年來的心願。對家人來說，他應該就是「捧角反派的大壞蛋」。他心裡不禁懷疑，口口聲聲說是為了葡萄酒的自己，其實是壞心眼的人。儘管如此，他還是覺得沒辦法。不一起共事才是最理想的狀態，弟弟在身邊的話，他就不能照自己想要的方式釀造葡萄酒，彼此會起爭執。在新年或盂蘭盆節的家族葡萄酒會，曾我和貴彥經常為了葡萄酒激烈爭論。

基本上，弟弟和自己目標的方向相同，但想釀造葡萄的理想應該不一樣。即使頂點相同，兄弟登山各自努力。通往頂點的道路很多，有些人是往右走，有些人是往左走。必須依當下的情況做判斷，那樣的判斷在一回的葡萄酒釀造中會遇到好幾次，不可能每次都做出相同的判斷。而且，弟弟也是想從種葡萄到釀造一手包辦的人。

那或許是和葡萄酒相關人士的宿命。

曾我心想，不能像羅伯・蒙岱維家族那樣成為葡萄酒業界的醜聞。創辦人羅伯・蒙岱維的兒子麥可和提姆原本一起經營酒莊，但他們感情不睦，酒莊因而衰退，最後蒙岱維被其他企業收購。在布根地因家族糾紛導致葡萄酒失敗的例子很多，即使是不同世界的情況，本質應該相同。

不管哪個業界都會遇到這樣的問題吧。

不過，葡萄酒擁有讓人變得奇怪的魅力。大家都會變得想獨立，岡本和城戶也是如此。原本都是公司的員工，起初完全沒想過要獨立，在釀造葡萄酒的過程中明白這是一條艱苦的道路，卻還是想要自己從零開始一手包辦。

釀造葡萄酒是追尋自己所謂的理想，任何小事都由自己決定，想追求自己覺得好的葡萄酒。從零開始自己種葡萄，就會覺得葡萄像是自己的血液，好比自己的孩子。為葡萄而瘋狂。不論啤酒或燒酒、日本酒基本上是購買原料進行釀造，但葡萄酒是從種葡萄到釀造一貫進行，所以內心的執著更加強烈。

「兩個兒子都因為葡萄酒變得很奇怪。」

曾我的母親如此感嘆。葡萄酒是可悲又滑稽，令釀造者動搖的美麗液體。不只是手指，就連身體裡的血液、骨骼和內臟全都染上葡萄色，曾我陷入這樣的錯覺。

在城戶和岡本獨立之前，曾我覺得自己是很幸運的人。儘管葡萄酒賣不出去，他待在能夠做喜歡的事的環境，所以他告訴自己，要比大家更加努力。然而，他真的很幸運嗎？如今肩負的重擔令他感到痛苦。

那時候，曾我也對自己的葡萄酒失去自信。在葡萄酒會提供葡萄酒時覺得很難受。如果喝了自己的葡萄酒，客人說不定會知道他內心的悲傷、痛苦、爆發的情緒。他被那樣的恐懼糾纏著。

「大家其實都知道吧。不要從大家口中說出來，請讓我自己說。」

他內心有一股想要大聲吶喊的衝動。

第一次見面對我說出那句話的曾我，正處於那樣的時期。

第六章

Let it be!

布根地的葡萄園裡立著大大小小的十字架。

過去葡萄園是教會所有，那是教會的遺跡，但或許不只如此。

或許也是在面對大自然這樣令人一籌莫展的對象，人類只能祈求的無奈心情。每年到了收成前，因為擔心是否能夠順利採摘葡萄而嚴重心律不整，胸悶難受而失眠。精神壓力造成的身體不適，必須服用鎮定劑或止痛劑，有時還要到醫院打點滴。

曾我也想在小布施的葡萄園立十字架，這麼做也許能讓自己感到些許心安。

因為儘管是在比賽陸續獲得大獎的小布施酒莊，二〇〇一年也出現晚腐病的初期症狀。這是在日本經常造成損害的疾病，果串出現病斑、腐爛。

他盡可能多去巡視葡萄園，拔掉生病的果串，但損害卻不斷擴大。

曾我苦於頭痛、腰痛、耳鳴、心律不整，甚至排斥走出家門。

實在是沒辦法了，隔年的二〇〇二年起，他增加農藥，像種巨峰葡萄那樣將葡萄一串串套袋。於是，病況減輕，從二〇〇四年開始曾我和他的葡萄狀況變得穩定，到了二〇〇五年總算能夠鬆一口氣。

那年六月，提到了要在麻井的忌日，和學生時代的「葡萄酒友會」同伴舉辦追悼會。麻井過世後一兩年，他們會在他的忌日聚會，但隨著生活變得忙碌，漸漸不再舉辦聚會。

不過，今年大家打算再聚一聚。

不只是岡本、城戶、曾我，還有鈴木及水上。水上和中途加入葡萄酒友會的安藏結了婚，成為安藏正子。因為丈夫調職，她也一起住在法國的波爾多，最近回到日本，又到勝沼的丸藤葡萄酒從事葡萄栽培與釀造葡萄酒的工作。

自從一九九九年的解散之後，岡本和水上、鈴木這是第一次重聚。

「過去的事就一筆勾銷，我們還是朋友吧。」

安藏正子用爽朗的語氣這麼說，大家也跟著點點頭。她從學生時代就被大家稱為「太郎」，雖然是葡萄友會唯一的女性，卻和大家相處融洽。儘管如此，他們還是花了六年的時間才和解。經過這麼長的歲月，曾經分崩離析的同伴再次相聚。

曾我和城戶也放下心，直說「太好了、太好了」，他們喝著葡萄酒直到深夜，大家異口同聲地說「這都是託麻井先生的福」。

然後，久違地以平靜的心情入睡的早晨，曾我的手機響了起來。

「下冰雹了，小布施全毀了。」

葡萄園的同伴打電話來通知他。曾我來不及向大家好好說明，立刻跳上車，他還不了解情況，心裡半信半疑。

車子開到時速一百五十公里，曾我疾駛只想快點到葡萄園……心中的焦慮讓他全身發抖。

開車途中，他聯絡上工作人員。

「彰彥先生，真的全毀了。」

曾我的葡萄、葉子到處都是洞，新梢也被折斷，宛如被炸彈轟過般悽慘。

尤其是祖父為他開墾，他最有自信的第一農場全毀。附近的第二農場也慘不忍睹。冰雹集中下在半徑一百至四百公尺之間。

冰雹是下在半夜，工作人員說早上起床去看了葡萄園，發現彈珠大的冰雹落在田裡，全部附著在一起凝固，有些甚至變得像乒乓球大。

那段時期曾我的葡萄酒正開始熱賣，訂單頓時增加，媒體也紛紛報導。最棒的葡萄園偏偏全毀了……。

這件事發生在麻井追悼會的深夜，那時他心想「就算去了天堂，麻井先生還是會狠狠訓我一頓」，再次察覺到自己的自大驕傲。

後來他完全失去幹勁，比葡萄得到晚腐病時更加意志消沉。

葡萄都毀了，現在做什麼也於事無補。雖然這件事是發生在葡萄開花前的六月，面臨即將正式進入的葡萄生長期，他沒有使用殺蟲劑，也沒有使用令他很苦惱的晚腐病的藥，抱著隨便啦的心情，對葡萄園置之不理。

然後，迎來了收成的秋天。

葡萄差不多掉了八成，卻有兩成結出果實，還是以往沒看過的優質葡萄。儘管他放棄，什麼事都沒做，就這樣扔著不管，葡萄還是努力生長。

結果，梅洛的收成量即使加上遠處葡萄園的量只有不到四分之一。去年做出六百瓶的白蘇維濃，今年一瓶也做不出來。他打電話向酒行致歉，不得不拜託對方限量販售。

真的很慘，會那麼想也是理所當然。可是，曾我得到了超乎想像的寶物和無比的勇氣。就算沒有用農藥，葡萄還是會生長。那就來試試看殺蟲劑、防黴劑、化學肥料統統不使用的有機栽培，他下了這樣的決心。

據說灑了農藥後，田裡的微生物會減少，根只會附著在表土，釀出來的葡萄酒會變得缺乏個性。其實並非如此，如果不灑農藥，土壤本身的潛力提高了，根也深深紮進地底吸收複雜的養分，成為反映土地個性、令人感受到複雜滋味的葡萄酒。就算是世界的高級葡萄酒，這也是很常見的農作法。

如果不是那場冰雹，他不會選擇這麼做。一直以來都有在田裡灑農藥，從明天起不使用化學農藥，以曾我自身的精神狀態來說，終究很勉強。而且，還有人在等待自己的葡萄酒。在那之前，他只能考慮確保葡萄的收成，做出葡萄酒。

但，就算因為遭遇冰雹只能採收約兩成的葡萄，酒莊還是想辦法克服了。如果換成有機栽培，收成量減半，也比碰上冰雹好多了。曾我奇蹟似的看開了。於是他心想，只要確實做好春天的工作就好了，像是為了不讓葡萄生病，仔細去除葡萄的卷鬚等。

假如收成量還是減少，「我沒有種出葡萄」像這樣好好道歉就好了。為什麼過去要想得那麼嚴重，放不過自己，然後他覺得心情稍微放鬆了。

被蟲吃掉一些也無妨，收成減少也沒關係，就算葡萄生病了又怎樣。

兄弟之間的不和也畫下了句點。

「哥，我要去北海道喔。」

「真的沒關係嗎？錢的事怎麼辦？」

曾我的弟弟貴彥放棄回長野老家，要去北海道進行葡萄栽培與釀造，決心獨立。

「這樣的話，小布施酒莊會全力支援你。」

「不用啦，我自己一個人做沒問題。」

（稍微問問我的意見嘛。）

曾我聽到弟弟說要去北海道，雖然期待也感到擔心。因為自己的關係，貴彥無法回長野，而是去了陌生的北海道，他覺得這是自己的責任，很想幫點忙。

正當他焦慮地想著這些事的時候，終於有些明白父親的心情。以前曾我說「我想種葡萄」受到強烈的反對，應該也是因為太擔心身為兒子的他。父親是多年經營酒廠的前輩，也許他是想傳達自己見證過的事。不了解父親的用心，還說了很多殘酷的話。「黑皮諾不行」，麻井那麼說一定也是出自相同的心情。

曾我的有機栽培葡萄酒受到岡本和城戶極力好評，雖然有淡淡的皮革氣味，但那經常出現在自然派葡萄酒中，並不是缺點。

「很有小布施的風格很棒喔。」

「我也喜歡這樣的香氣。」

不過，隔年曾我釀造了沒有皮革氣味的葡萄酒，因為被其他同業和侍酒師批評「不喜歡那種氣味」。

看不下去曾我受到周遭評價影響的岡本開了口：

「曾我做你喜歡的葡萄酒就好啦。」

然而，那句話卻讓他更加沮喪。

因為曾我不知道自己栽培的哪個品種適合小布施，從適合在寒冷地區生長的夏多內或梅洛，到希哈、維歐尼耶（Vionier）等適合生長在溫暖場所的品種，以及格烏茲塔明那（Gewürztraminer）、桑嬌維塞（Sangiovese）、麗絲玲（Riesling）等德國或義大利的品種，他都有種植，也試著釀造新酒「Heurige」和甜酒「Recioto」。在徬徨摸索中持續進步正是他的個性。

然後期盼的秋天再度來臨。

相較於去年，蟲害增加，葡萄遭受蓑衣蟲害的巨大損害。

「到今年就結束了吧。」

到了秋天，他做出這個決定。不過，完成釀造準備後，曾我看著被白雪覆蓋的寂靜葡萄園時，感到自己漸漸被淨化，心中的不安與悲傷獲得平息。曾我最喜歡冬天的葡萄園，儘管沒有葉子、花或果實，他覺得那就像將要孕育生命的母親的羊水。然後到了三月，不管別人說什麼，他會一大早就站在葡萄園裡。他心想，自己一輩子應該都會這麼過吧。

想做出好一點的葡萄酒的欲望勝過其他。於是，曾我順應本能投入其中，他覺得那樣很好，活著的喜悲全都在葡萄園裡。

「你最不想承認的事是什麼？當你承認了那件事，便是你的道路開啟之時。」

城戶在葡萄園裡工作時經常會聽廣播，他最喜歡的節目是「電話人生諮商」，廣播主持人在節目開頭說的這句話，深深打動他的心。

（我最不想承認的事是什麼呢？）

想著想著，城戶想到的都是葡萄酒的事。

獨立之後成立酒莊，種葡萄、釀葡萄酒，城戶總認為自己的葡萄酒最好，然而在葡萄酒會等場合試喝了其他，卻經常遇到比自己好的葡萄酒。無論是岡本或曾我的葡萄酒，也有比自己的葡萄酒更好的品種或年份，就連國外的葡萄酒也是如此。

面對許多不想認同的釀造者，城戶用各種理由或藉口否定對方。當然，自尊心很重要，這點他也有。可是，不接受事實，自己就無法成長。

所以身為釀造者的他，從未以享受葡萄酒為目的喝酒。只要遇到好的葡萄酒，城戶就會起了貪念，想把那個變成自己的東西。若是覺得不好的，他會去想為什麼會這麼覺得，對一瓶葡萄酒，往往花上好幾天邊喝邊思考。

當他說出這件事，岡本有些驚呆地笑著說：

「城戶真是幸福的傢伙。最不想承認的事竟然是那個啊……。換作是我，絕對是不能告訴別人的事。」

的確，「我或許是幸福的人」，但對城戶來說，此事非同小可。無論如何，他都想釀造出最棒的葡萄酒。用自己的雙手釀造出不輸給拉菲堡，受到世界好評的葡萄酒。

現在還沒達到令他滿意的程度，葡萄會受到該年的氣候影響，時好時壞是很正常的事。釀造方面也經常無法達成自己理想的味道。更重要的是，城戶深切感到自己的能力不足。儘管如此，在死之前，他還是想釀造出一兩次理想的葡萄酒。他相信只要持續做理所當然的事，總有一天一定能做出不輸世界一流的葡萄酒。

話雖如此，如果有能夠種出世界最棒葡萄的土地，他應該也不會去。就算有人說要用布根地的特級園和他交換，他也毫無興趣。在自己和家人一起生活的這片土地，釀造生活起源的葡萄酒才有意義，對他來說，這才是值得做的事。因為葡萄酒是表現土地的產物，如果不是在自己的土地種自己的葡萄，就不能說是自己的葡萄酒。

選葡萄酒還是家人？

城戶確定當自己面對曾我和岡本面臨過的這兩個選項時，絕對會選擇家人。一起辛苦工作的妻子，以及支持自己設立宛如自己孩子般酒莊的岳父，倘若失去家人，他就不會釀造葡萄酒。家人是基石，所以他不雇用員工或實習生。

然而，這樣的城戶卻接納了實習生，因為對方和自己的志向相同。偶然造訪酒莊的青年須崎大介，沒想到和城戶一樣來自愛知縣豐田市。

「我想在自己出生長大的豐田市釀造葡萄酒，請讓我暫時在這裡學習。」

城戶感到驚訝，「這個年輕人在說什麼！」在那麼熱的豐田市怎麼種葡萄……，那裡根本不適合種葡萄。現在自己居住的桔梗原是寒冷的高地，因為溫差大，成為栽培葡萄的一大產地。

（這小子感覺是個怪咖，快點打發他走吧。）

城戶心裡這麼想著。

不知道城戶的想法，須崎雙眼閃閃發亮地說起自己在義大利托斯卡尼實習過兩年。托斯卡尼不僅是在義大利國內，更是世界具代表性的紅酒知名產地。

「即使是托斯卡尼也不全是氣候受惠的地區，在夜晚氣溫降不下的炎熱地區，依然持續釀造著葡萄酒，那是我親眼看到的事。尋找適合栽種葡萄的場所，應該要去找毫不相關的土地。我想在自己生長的土地挑戰看看。」

城戶確實也是這麼想。比起適合栽培的場所，或許會比較辛苦，但只要找到適合那片土地的葡萄品種或栽培方法，一定能釀造出葡萄酒。葡萄酒的釀造是釀造者住在那片土地上，親身感受土地的性質或氣候，這樣釀造出來才有意義。

城戶認同須崎的志向，接納他成為實習生。後來須崎獨立，在豐田市有了葡萄園，為了沒有釀造所的他，城戶借給他準備釀造的地方。自己也曾像這樣接受過曾我的幫助。

城戶也丟掉了自己的教科書，試著重新思考適合土地的栽培方法。

（或許適合棚架栽培。）

岡本和曾我都很堅持採用歐洲式的籬架栽培，城戶雖然也有使用籬架，但卻認為依品種來說，日本自古以來的棚架可以種出潛力好的葡萄。

雖說是棚架，又和以往日本使用的棚架卻截然不同。

那是名為「水平式棚架」的方法，在二．五公尺寬的棚架上進行密植栽培，像籬架式那樣將枝條引至同一方向。一般的棚架，一棵樹可以長出約兩百串葡萄；用這個方法，一棵樹頂多二十五串左右。這也讓他對這些葡萄可能有的濃縮風味充滿期待。

而且，這個方法能夠讓葡萄有效率地受到陽光照射，特別是在九月下旬至秋意漸濃的時期，可以發揮效果。秋天太陽的位置會變低，陽光變成斜照葡萄園。這時候如果是枝條縱向延伸的籬架，隔壁列的影子變長就會遮住陽光，但這種方式是平面，所以不會形成陰影。此外，一般籬架的葡萄葉會朝東西分開，中午前是東側的葉子行光合作用，下午主要換成西側的葉子。若是這種水平式棚架，所有葉子都朝上，一整天都能充分接受日照，行光合作用。城戶認為這對最需要大量陽光的晚熟卡本內蘇維濃特別有效。

城戶認為造酒不是完全交給大自然，還須積極接觸葡萄或葡萄酒，將其導向自己理想的葡萄酒風格，才是釀造者的工作。對葡萄酒來說，酒精度數是突顯美味的重點，所以也會進行補糖。不同品種各有其理想的酒精度數，為了達成度數，連一%也不妥協。

另一方面，他不像曾我那樣進行有機栽培，也不像岡本那樣不添加二氧化硫。適度使用農藥也添加二氧化硫，城戶覺得這樣才能夠種出品質優良的葡萄。

這些乍看之下和岡本是對立的想法，其實本質相同。他們的行為都是全心全意「想把自己覺得最好喝的葡萄酒，交給願意喝自己葡萄酒的人」。

因此，一切都靠自己思索。即使困惑也不找人商討，盡可能不依賴分析機器，也不看教科書。活用五感，連續好幾天思考一項作業。城戶認為不這麼做就釀造不出感動人心的葡萄酒。

城戶將自己的想法寫進日誌裡。

釀造者必須只靠葡萄酒的品質決勝負。自然派、有機栽培、不添加二氧化硫、純國產、自有農場、金牌、家族經營等，用許多吸引消費者的宣傳話語，那都是賣家的說詞，釀造者說這些話是很丟臉的事。

城戶的酒莊也經常使用「家族經營」一詞，但他開始想盡量避免這麼做。葡萄酒好不好喝，光憑這點讓喝的人決定，他總是保持這樣的心態。只憑葡萄酒的味道決勝負的崇高志向很重要。

對城戶來說，葡萄酒是反映自己的想法與行動，展現自己真實面貌，猶如鏡子般的存在。

自古以來，農家之間流傳著津金沒有颱風。

事實上在這個山中的村落，的確很少遭遇大颱風的襲擊。因為東側有略高的山丘，人們相信風會順利吹過山頭。

但二〇〇四年八月，從九州貫穿青森的強颱來襲，直撲津金而來。

岡本去了葡萄園，葡萄葉掉落到幾乎鋪滿地面，就連園裡的支柱也倒了。損害特別嚴重的，是園內風吹過的地方。

儘管受到打擊，岡本鼓勵自己必須振作，孰料終於把倒下的棚子支柱修好的九月，颱風再次來襲，剩下的葡萄葉也都被吹落。

那年春天，岡本第一次在東京的飯店舉辦葡萄酒發行派對，他的葡萄酒大受好評。葡萄酒作家或評論家、侍酒師，以及購買岡本葡萄酒的客人齊聚一堂，為那獨特的滋味深深著迷。

「我喝過沒見過面的法國人釀造的美味葡萄酒，見到生產者後，葡萄酒的味道喝起來更是格外不同。雖然希望可以擴大產量，卻又想要自己喝就好。」

「我想借三千萬日圓給岡本，我有自信他能賣出一百箱。」

「他是修道士，歷經千辛萬苦學習，釀出這樣的滋味。」

彷彿是來到某場頒獎典禮或婚宴，參加的人對岡本的葡萄酒讚不絕口，找他合照，異口同聲地談論岡本的魅力。

岡本很開心自己的葡萄酒受到認同，他充滿幹勁地想：「好！今年我要做更多。」

從初春開始，天還沒亮的早晨他就已經進入葡萄園，即使天色暗了，還是帶著手電筒持續工作。

對岡本的努力大自然似乎也有所回應，那年是梅雨季少雨的酷暑，葡萄比以往更加成熟，結出了從未見過的優質葡萄。偏偏此時遇上了颱風。

即使到了收成的季節，葡萄樹樹葉掉落，葡萄也無法順利上色。

岡本很煩惱，每天煩到幾乎睡不著。他打了電話給曾我和城戶，詢問他們的意見。最後他的選擇是，把損害大的葡萄園和損害小的葡萄園所收成的葡萄分開進行釀造。果不其然，損害大的葡萄園葡萄酒顏色很淡。

完成釀造準備後，感到無力的他每天都心不在焉，就在那時傳來了南亞大海嘯的消息。

（我自以為是的對東京的人說自己了解大自然，可是有些人因為海嘯生死未卜。為了葡萄酒的顏色淡而悶悶不樂，這樣還敢說自己了解大自然嗎？說想要釀造表現大自然的葡萄酒，只是說說而已吧……。）

他把顏色淡的葡萄酒取名為「Trance」推出，trance是化學用語，意指化學式相同，立體結構不同的物質。右手和左手相似卻不會重疊。「Trance」大幅降價為兩千四百日圓販售，分開釀造而損害小的葡萄園梅洛一如往常，取名為「La Montagne」，以三千四百日圓販售。

結果，他卻聽到侍酒師和客人這麼說：

「這個不錯耶，比起普通的『Montagne』，『Trance』比較好喝吧。」

「這是我喝過最喜歡的葡萄酒，好像有種沁入心脾的感覺。」

岡本驚訝地想「這樣的葡萄酒也行得通啊」，另一方面覺得自己的自私彷彿暴露在大家面前。

明明說想要表現土地或該年的味道，卻因為顏色淡，以釀造者的主觀分開釀造葡萄酒。沒有勇氣把它們放在一起釀造，擅自判斷濃淡，那和好不好喝是兩回事。自己認為失敗的葡萄酒，反而是許多人認為好喝的葡萄酒。

以前法國的釀造者造訪葡萄園時，對岡本這麼說：

「釀造者覺得有壓力的話，葡萄也會感受到壓力。」

當時岡本覺得那是胡扯，因為自己每天都感受到巨大的壓力。

（如果是那樣該怎麼辦？）

天生多慮的他總會想東想西，搞得心情低落，一直感受到源源不絕的壓力。但現在岡本懂得轉念思考，葡萄酒絕對不會變糟糕。

就算有時會想「這樣可能有點糟」，但被不好的細菌感染的話，就算稍微氧化，最後還是會變成好喝的葡萄酒。無論是怎樣的葡萄酒，只要坦率地接受它，就會變成好的葡萄酒，岡本開始相信這件事。

人類不管使用什麼方法，二十分的葡萄也不會變成八十分，那種可能性只有一％以下。別去想自己在種葡萄就不會有壓力。即使現在仍會緊張、費神，但岡本已經不像以前那樣會感受到無可奈何的壓力。

有時岡本的葡萄酒被說成是「交給葡萄釀造」。的確，岡本盡可能採取自然的釀造方式，基本上就是把葡萄放進酒槽，待其自然發酵後，榨汁即完成。不添加防止氧化的二氧化硫，也不為了提高酒精度數進行補糖。為了做到這樣的釀造方式，必須種出生命力強大的葡萄。

不過，那樣的葡萄沒有灑化學農藥、不施肥，土壤也沒有耕作，雜草叢生。所以葡萄園裡綠油油的草叢中，藍色、黃色、粉紅色、紅白的小花宛如顏料四處潑灑般盛開。那裡還有雲雀的巢，狐狸、狸貓、鹿和山豬也會來。

「交給葡萄釀造」這樣的說法或許確實如此。不過，為了順應自然，要比一般的釀造者花數十倍的心力才能完成。

（他是不是瘋了……。）

其他釀造者看到在剪枝的岡本都懷疑他是否頭腦清醒，因為他會蹲在葡萄樹前幾分鐘甚至幾十分鐘，陷入沉思。

他正在思考即將到來的秋天，不，是明年或後年，如何控制樹勢。因為如果想著要快一點、要做好一點，就會流於自我。所以岡本是帶著感謝葡萄的心情在進行剪枝。

岡本認為自己是職人（工匠），職人的「職」是耳部，職人要傾聽素材的聲音，所以他靜心傾聽葡萄的聲音。

因為不灑殺蟲劑，園裡有很多吃葡萄的蟲，為了不讓蟲變太多，岡本從早到晚巡視葡萄園好幾次，一粒粒仔細確認，然而蟲子還是每週增加新的種類。

關於釀酒葡萄，日本使用的農藥量已減少許多，完全不灑化學農藥，只灑少許的醋和波爾多液（Bordeaux Mixture，一種殺真菌劑）。揹著裝了消毒液的塑膠容器，一片片觀察葉子的情況進行噴灑。

收成的葡萄不是直接堆在籠子裡，而是像標本似地一粒粒仔細排列，有如對待剛出生的生命那樣小心翼翼。

「他對待每一粒葡萄就像對待鑽石或珍珠那樣。」

「Canoviano」的植竹主廚如此感嘆地說。

的確，對他來說葡萄或許就是寶石。岡本就連決定收成的時間也不是吃了葡萄、確認味道後才決定，因為想變成葡萄酒，葡萄已經辛苦努力了一年。津金的秋天氣溫驟降，空氣澄淨，他想讓葡萄也能感受那樣的秋天氣候，盡可能延遲收成的時間，等到葉子轉紅變乾，果粒變得皺巴巴沒彈性，瀕死前的那一刻。

岡本幾乎覺得葡萄就像是有自己的想法。

可是，延遲收成可能也會帶來病害的風險。而且，岡本的無化學農藥葡萄因為生病和蟲害，收成量出乎意料的少。減少收成量能夠讓釀酒葡萄長成具濃縮感的葡萄，所以他很在意收成量的多寡，作為品質優良的指標之一。例如在日本的釀造者學習會也經常將「如何減少收成量」作為議題進行討論。以岡本的情況來說，就算不限制收成量，自然也會減少，是日本籬架栽培平均收成量的三分之一以下，棚架栽培平均收成量的五分之一以下，比堅持減少收成量聞名的羅曼尼康帝酒莊還少。

然後，克服了秋雨，垂吊時間越長，葡萄越能反映土地的滋味，變得醇厚溫和。

無聲的世界。

被當作寶石對待的葡萄釀造，是在連一聲咳嗽聲也沒有的寂靜環境中進行。

將葡萄放在不銹鋼網上輕輕滾動，使其脫梗。

取下紅葡萄的烏黑果粒，捧著移入釀造槽。

這麼一來，葡萄就會自然發酵，約莫過了三週後，使用參考古文獻設計的小型木製手動式榨汁機壓榨。

壓榨出來的汁液不用幫浦，而是用小水桶來回幾十趟移入釀造桶。

如果是白葡萄，則是用手指一粒粒壓爛，放入釀造槽。

葡萄酒的裝瓶也是利用落差的虹吸法，以細管子注入瓶內，裝一瓶大約要花一分鐘。

全程不使用機械，所有動作就像某種宗教儀式，不發出半點聲音，緩慢地進行。就連水滴濺起的聲音也沒有，讓人誤以為是在看十倍慢速播放的消音影片。

為什麼岡本要這麼做？因為他完全沒放防止氧化的二氧化硫，為了不讓葡萄酒氧化，必須如此謹慎小心，如果發出聲音就表示液體和氣體混合了。

其他不添加二氧化硫的酒莊會使用乾冰或惰性氣體防止氧化，所以不必做到這種程度。但岡本認為就連乾冰也不自然，為了不使用任何人工物質，他不得不這麼做。

就連自來水的氯也徹底排除，洗桶子或釀造槽一定是用井水，乾擦也是因為擔心自來水可能會有氯殘留。用具的清洗也不使用肥皂，而是用小蘇打粉，抹布洗好後日曬殺菌。

什麼都不添加，純正的自然發酵。原本葡萄園裡就有許多種大自然存在的酵母，即使什麼都不添加，葡萄酒也會自然進行酒精發酵。然而，如果是常年以來灑農藥殺死了自然酵母，就只好使用培養酵母。

雖然那能夠釀造出純淨的葡萄酒，但全世界都買得到相同的品質，葡萄酒的味道就變得單一。

即使是使用野生酵母，通常為了挑選單一酵母，會先用小木桶進行一次發酵，再移入釀造槽降溫。不過，岡本的做法是讓百種以上的大量酵母發揮作用，當中也包含醋酸菌等不好的酵母。那樣的複雜度能為葡萄酒帶來深度。

在紅酒的發酵時期，還必須每六小時用木槳將葡萄壓入釀造槽底部。或許只差一小時不會有多大的差異，可是岡本對這點很堅持，即便是深夜，也是每隔六小時做一次。因為他覺得自己是很懶散的人，只要偷懶一次就會越來越鬆懈。而且，自古以來傳承下來的事，就算不知道理由一定也有深義。做為一個才活了四十年的人，難道能說那是錯的嗎？

因為不進行補糖，酒精度數低，酒色也很淡。他也沒有進行讓果汁更濃縮的「放血」（saignee，為了增加紅酒中的單寧和顏色，在釀製早期除去一部分果汁的做法）。因為氣候或土壤等一點小事而受損的脆弱，正是葡萄酒的魅力。然而，要做到這一點，釀造者付出的努力非比尋常。但對岡本來說那並非標新立異，他只是在做普通的事而已。

將一口岡本的葡萄酒含在嘴裡，口腔就會被豐盈溫和的果味與迷人香氣包圍，令人驚訝這世上竟有這樣的葡萄酒，這是哪裡都喝不到的葡萄酒。就算是第一次喝，也會有種彷彿想起遙遠記憶的懷念感。

岡本的母親從他小時候就很堅持自己動手做，無論是味噌或米糠醬菜全都是自製。不管他去哪裡，都會讓他帶著手做的簡單飯糰。祖父在沒有醫師的村子裡開診所，他家的庭院成了網球場，任何人都能來。岡本心想我應該是受到這樣的家族影響。有人用「就像媽媽為自己捏的飯糰味道」形容岡本的葡萄酒，就像是滿懷關愛的調味，傳達出製作者體貼與溫情的慈母飯糰那樣。

過去他也曾想過要釀造出在世界大賽得獎的葡萄酒，不過現在岡本對那種事毫無興趣，也不想獲得知名侍酒師或評論家的評論，反而是希望讓一般人覺得好喝就好。就算去無人島能夠種出很棒的葡萄，他應該也不會去。就算做出多棒的葡萄酒，如果沒有人喝，他絕對不會感到滿意。

岡本的葡萄酒全都是自產自銷，基於回饋客戶支持的心意，即使是賣給餐廳也不是批發價，而是以定價販售。就連喝自己的葡萄酒，他也會以定價支付。他認為有價差是很失禮的事。雖然宅配公司願意來酒莊收貨，為了避免葡萄酒接觸高溫，他會親自在日落時分，把葡萄酒帶到集貨中心。因為他希望讓消費者都能喝到葡萄酒最良好的狀態。

岡本很喜歡法國畫家保羅・塞尚（Paul Cézanne）晚年的畫作，塞尚自稱「自然的放大器」。岡本也想將自然放大，透過葡萄酒表現日本人的自然觀與美感。日本美食天婦羅不也是如此嗎？

過去炸物（fritto）來到日本時，日本人不模仿，而是創造出符合日本飲食文化的天婦羅。儘管根源來自葡萄牙，追求日本人美感的是天婦羅。岡本也想用葡萄酒表現日本人獨特美感的放大。

因為日本人和法國人的自然觀或美感不同。

岡本獨居山中，與山朝夕相處，於是有了「我想做出像山那樣的葡萄酒」的念頭。好比山裡的紅葉，不只是紅或黃色，當中也混雜著螢光橘的葉子。但，整體看來和諧優美。葡萄酒也不只是「這個香氣不行」或「這個酸味不好」，看似不同的香氣，只要整體協調就會成為優點。

葡萄酒的釀造方式有兩種：一種是有視為目標的葡萄酒，然後試著用葡萄去達成目標的方法；另一種是先有葡萄，使其自然釀成葡萄酒的做法。岡本選擇後者。不是以自己的想像釀造葡萄酒，而是做成葡萄想要變成的葡萄酒，傾聽葡萄的聲音。

岡本最想傳達的事，就是大自然的面貌。

每一秒都是不相同的景色。

即使是葉子，每一片也都不同。

也就是，諸行無常，獨一無二。

自己只是想在酒杯中重現大自然的戲劇化。風吹拂，雲雀告知春天來臨，葡萄結果後枯萎，花開花謝，引來蟲子結束生命。

這麼想之後，生活也變得輕鬆。如果一心追求更高的滿足感，很難持續下去。正因為不是如此，所以岡本不覺得自己是在忍耐，只是稍微改變想法，每天都過得很開心。

他不再去想「不這樣不行」或「還有更好的東西」，而是坦然接受眼下的一切。

（或許會有更好的葡萄酒。）

倘若有了這樣的想法去追求更棒的葡萄酒，反而會減損現在的滿足感。

「葡萄酒的魅力是多樣性與個性。」

喜歡葡萄酒的人一定會這麼說。可是，比較優劣的喝法不就是不認同葡萄酒的個性嗎？只要認同各自的優點不就好了。

那不只限於葡萄酒，而是世間萬物。

或許會有更棒的情人或另一半。

或許會有更富裕的生活。

或許會有更好吃的東西。

追求那些就是否定現在。

年齡也是如此。一旦認定幾歲是最好，就會想要試圖停在那個年紀或回到那個年紀，然後一輩子都擺脫不了。

櫻花並不是盛開才美，放棄去想哪裡最好、和什麼做比較，光是這樣就能活得輕鬆自在。

後來岡本基本上只喝自己的葡萄酒，他覺得自己已經做出最好喝的葡萄酒，所以不想喝其他的葡萄酒。

日本有來自世界各地的偉大葡萄酒、美麗的花卉與美食。可是享受那些，不斷追求新奇的事物究竟有何意義。播種、培育自己的花朵這才是更重要的事不是嗎？葡萄亦然，相較於收成，培育的過程更令人樂在其中。

為什麼岡本會有這樣的想法呢？

「我也在尋求理想，但那並不存在。若要找出最好，一定找不到。人類和一棵葡萄樹一樣，都是大自然的一部分。」

岡本認為那和自己能夠多麼相信見不到的事物有關。

採行自然發酵，不添加二氧化硫，也不進行補糖。經歷了「Trance」，岡本將自己的葡萄酒命名為「L.I.B」。

Let it be!

這是接受保持現狀的大自然、保持現狀的葡萄酒與保持現狀的人的心情。

釀造葡萄酒不是挑選出什麼，而是接受。算不算「好的葡萄酒」並不是由人類決定，就像這世上沒有所謂的「好人」。大自然誕生的萬物沒有好壞，只有個性。

企劃麻井在藤澤那場最後的葡萄酒會的葡萄酒記者石井紀子，在喝了岡本改名為L.I.B的夏多內後，寄了這樣的電郵給他：

> 我想起了麻井先生說過「我覺得岡本會傾聽自己的心聲，釀造出毫不妥協

的葡萄酒喔」。那不是拚命努力，而是能夠感受到努力的葡萄酒。

岡本經常被麻井訓斥。

但他還是順從自己內心的想法去面對葡萄酒與葡萄。

如今岡本體認到，這正是麻井最想告訴他的事。

（我的理解力太差，麻井先生說的話，我花了好幾年才了解他真正的意思。思考這麼多年，終於能夠明白。）

有時他會想要再被麻井訓斥一次。

「岡本，不是那樣啦！」

每當感到困惑的時候，似乎能夠聽到麻井這麼說。

不過，唯有一件事岡本不再感到疑惑，而是充滿自信。

那就是自己是農民這件事。

葡萄酒不是工業製品也不是藝術品，是農產品，做出葡萄酒的是大自然，所以岡本的葡萄酒瓶完全沒寫上他的名字。

終章

超越父親的兒子們

「熊會跑出來吃掉葡萄，真的很慘。」「我那邊是鹿和狸貓搞得一團糟。」「我這邊是狐狸啦。」

宇介男孩久違聚在一起報告彼此近況，但一見盲品的葡萄酒上桌，眼神頓時驟變。酒杯裡裝了五種磚紅色的液體。

其中一杯是麻井過世前在藤澤葡萄酒會交給曾我，告訴他「和立志釀造黑皮諾的同伴一起喝吧！」留下這句可說是遺言的葡萄酒。

從麻井手中收下這瓶酒已經過了六年半，曾我覺得自己的責任重大，沒資格喝，所以無法打開那瓶酒。不過，他認為這是今天最適合三人喝的葡萄酒。

藤澤葡萄酒會當時，岡本和城戶還沒有種黑皮諾，但現在兩人都有栽種，城戶採用水平式棚架這種劃時代的方式種黑皮諾，他打算這年秋天進行第一次釀造。岡本的黑皮諾是發售當天就會賣完的夢幻商品。

曾我也像麻井預期的那樣，因為黑皮諾吃足了苦頭，好幾次都想放棄。以種葡萄來說，氣候比較溫暖的小布施並不適合。即便如此，他還是持續栽種黑皮諾，然後，釀造出百分之百黑皮諾的氣泡酒，得到很高的評價。

為什麼會如此受到黑皮諾吸引呢？也許是從學生時代就喜歡喝布根地葡萄酒的影

響。曾我直盯著那個誘惑人心又難以說明理由的液體。

這天他們聚在一起慶祝岡本酒莊的完成，雖然岡本一直有在種葡萄，卻因為沒有釀造所也沒有果實酒釀造許可，都是租借場地進行釀造。二〇〇八年九月終於獲得許可，酒莊總算真正完成。為了獨立而辭職，歷經十年才達成這件事。

這麼一來，他們三人總算都擁有自己的酒莊，達到完全的獨立了。

這也是宇介男孩人生的一個段落。

彼此說出評論的過程中，他們從五杯酒中找到了覺得「這應該是麻井先生的葡萄酒」的那杯酒。

「這有種很典型資優生的感覺，他要我們以這個為目標嗎？」

「不過，當時麻井先生對『Providence』大為讚賞才推薦給我們，現在或許已經沒那麼好了。」

曾讓麻井極力讚賞的紐西蘭「Providence」。當時顛覆常識的不添加二氧化硫，結果比一流葡萄酒還好喝這件事，令麻井很感動。他前往當地，甚至幫忙釀造，即使後來被宣告不久人世，在最後的葡萄酒會上還是把這瓶酒介紹給年輕釀造者。

然而，過了將近十年，不添加二氧化硫今天已不算罕見，「Providence」的評價也跟著改變。岡本的葡萄酒也沒有添加二氧化硫，還採用更自然的方法。因為麻井在世時，現在成為話題的「自然派葡萄酒」還不存在。

他們打開被遮住的品牌，果然那個有如資優生般謹慎釀造的葡萄酒，正是麻井交給他們的葡萄酒：紐西蘭馬爾堡的「LA STRADA '97」。

岡本又含了一口葡萄酒。

「的確，十年前在紐西蘭釀出這樣的酒很了不起。不過，現在的我們已經不同了，不能模仿別人。」

城戶接著說：

「如果現在麻井先生還活著，應該不會交給我們這樣的葡萄酒吧。那天他應該是想讓日本的釀造者認識這種忠於基本的葡萄酒。」

那是一瓶好酒卻顯得單調，感受不到酒體的寬厚或釀造者的才幹。

「如果是現在的麻井先生，應該會推薦我們那樣的葡萄酒吧。」

當時盛傳宿命的風土論，大家都說在日本無法用籬架栽培種出釀酒葡萄，黑皮諾更是不可能。曾我說想種的時候也曾遭到麻井強烈反對。正因為如此，他想告訴大家在紐西蘭那樣的新興地區，像日本一樣多雨高濕的場所也能種出黑皮諾。

後來日本葡萄酒所處的環境產生巨變，主張無法種釀酒葡萄的人不像以前那麼多。當初審查岡本的葡萄園，說出「這裡沒辦法種葡萄」的果樹試驗場官員，日後尷尬地向他道歉「那時候很抱歉」。告訴曾我「釀酒葡萄種不起來，在日本行不通」的山梨大學指導教授橫塚，也參訪了曾我的葡萄園。

「如果沒有麻井先生，日本的葡萄酒業一定會落後幾十年。」

以前在日本也有種植釀酒葡萄的人，可是過去日本的葡萄酒欠缺的是「釀造者的思想」。不是靠自己思考，是把覺得好的葡萄酒視為目標，朝那個方向努力。麻井留給我們的不是技術也不是知識，而是讓我們知道釀造葡萄酒最重要的是思想。

麻井沒有自己種過葡萄，也採購過散裝葡萄酒。

（假如和我同齡的話，麻井先生也會種葡萄吧。反過來說，假如我生在麻井先生那個時代，應該也會去買散裝葡萄酒。）

岡本心中暗想。

出現像他們三人這樣的釀造者，是需要時間的熟成。

盲品端出的五瓶葡萄酒中的三瓶，是他們各自釀造的黑皮諾。

三人的葡萄酒已經超越了當初麻井託付給他們的葡萄酒。不是由評論家打分數。

「哪裡都找不到相似的，也不是模仿任何人，專屬於自己的葡萄酒。」

光就這一點，他們已經領先。那令他們感到開心又驕傲，卻有一絲的落寞，心情很複雜，就像超越父親的兒子那般心境。

接著不是盲品，而是直接品鑑大家帶來的葡萄酒。

曾我帶的是在芳藤酒莊工作一年所獲得的白酒報酬。

還有他們到法國畢業旅行時，在酒莊直接向釀造者購買，裝進背包揹回日本的葡萄酒，大家剛好都剩下最後一瓶，所以各自帶來。

●尚．格里沃特「伯蒙」一級園（Jean Grivot Premier Cru Les Beaux Monts）'92
●賈克．卡喬酒莊「艾雪索」特級園（Jacques Cacheux Echézeaux Grand Cru）'93
●尚．葛羅酒莊「黑雅斯」一級特占園（Jean Gros Premier Cru Clos des Reas）'91

因為相同的酒三人都各買了一瓶，所以從法國回來沒多久，他們就聚在一起喝過尚・葛羅酒莊的「黑雅斯」一級特占園。那時他們一致認為「這是沒什麼了不起的普通酒」而感到失望，但過了十年，打開那瓶葡萄酒卻煥然一新，轉變成具有深度的複雜滋味。儘管知道葡萄酒會因為熟成而改變，超乎期待的變化依然令他們很驚訝。就像緊閉的稚嫩花蕾，盛開時散發香氣的葡萄酒。

他們從葡萄酒想起了這些年，自己栽種的葡萄成長茁壯的點點滴滴，孱弱的幼木如今已在土中深深地布滿了根，覺得這十年就像紮根在大地上生活。

喝著葡萄酒，想起當年那趟旅行，第一次造訪布根地，一望無際的廣闊葡萄園和釀造者的自豪令他們心情激動。心中燃起「我也想釀造這樣的葡萄酒」的念頭。不過，那時候他們沒想過自己真的會種起釀酒葡萄，釀造自己的葡萄酒。

「這三瓶酒截然不同，不是按照操作指南，可以感受到人的感覺、喜悅和玩心。如果葡萄腐爛了怎麼辦，可以感受到是有累積經驗判斷的葡萄酒。」

城戶一說完，曾我接著說：

「這酒可以感受到家人間的愛，想和能夠共度一生的女性喝這樣的葡萄酒。」

岡本也認同他的說法。

「葡萄酒保留了釀造者的心情。」

酒瓶上寫著釀造者用法語寫給三人的留言。

要再來布根地喔，再會！

「真想再去一次那樣的貧窮之旅。」

不過，三人都知道那不會再有了，因為身邊有無法割捨的葡萄在等著自己。

「曾我每次猜拳都輸了睡地上。」

「誰叫岡本每次都能讀透我的心。」

岡本和城戶異口同聲地說：「如果沒有曾我，我們應該不會獨立創業吧。」曾我的老家是酒廠，起初他給了兩人強大的支援。

對曾我而言，他們兩人也是讓他知道葡萄酒魅力，無可取代的同伴。要是沒有學生時代那個葡萄酒友會的切磋交流，不會有現在的自己。

如今，他們的酒有時一推出就完售，已經成為成功的生意人。不是做興趣，而是以經營為目標釀酒。城戶還清債務，岡本建造磚瓦酒莊，曾我想繼續擴大葡萄園。

以往大家都覺得酒體厚重的葡萄酒才是高級品，像岡本那樣酒精度數低、酒色淡的葡萄酒不太受到好評。但他們的葡萄酒不僅在高級餐廳能夠用來搭配味道濃郁的料理，更融入人們的日常生活，是和家常菜也很搭的溫和滋味，隨著葡萄酒在日本人生活中日常化，這樣的價值得到認同。

不過，自有葡萄園的酒售價四千日圓左右，以日常消費來說不算便宜。市場上還有更廉價的外國葡萄酒，相同價格也能買到法國知名釀造者的酒。即便如此，為何宇介男孩的葡萄酒這麼受歡迎，馬上就完售呢？而且幾乎都是回購客，每年持續購買。

當曾我在葡萄酒莊通信留言「因為身體狀況不好，要減少品種」，許多擔心的客人就會買下他想清空的庫存。他也收到「可以再提高售價，請好好保重身體」的來信。

城戶的葡萄酒約七成是無過濾，有時沉澱物會殘留在瓶底。因為他已經告知消費者，彼此建立信賴關係，所以才能下定決心這麼做。夫妻倆做不來的除葉或收成等工作，日本各地有許多客人都會趕來幫忙。

岡本的葡萄酒有些因為品種，一天就會賣完。「如果賣完的話，什麼品種都沒關係，只要是岡本的酒就寄來給我。」這樣的客人據說占九成。

甚至有老夫妻說「平常不喝酒，只愛喝他家的葡萄酒」。

這些不只是宇介男孩的成果，也是消費者心態的成熟。不只以排名或評論家給的分數評價葡萄酒，也不會被「只要便宜就好」的價值觀左右，順從自己的感性選擇的人變多了。而且，可以看到釀造者本人，消費者也覺得自己像是參與了他們的釀酒過程。

城戶和妻子在積雪的嚴寒葡萄園內進行棚架的剪枝。

初春的夜晚，岡本帶著手電筒在葡萄園裡逐一清除蟲子。

盛夏時節，曬得像外國人一樣黑的曾我，仔細剪掉朝天伸展的葡萄蔓。

喝下一口葡萄酒，不只是味道的好壞，彷彿能見到他們那樣的身影，感受到葡萄園的景色和釀造者的心意。所以，即使四千日圓不算便宜還是想喝，就算說是失敗作品還是想喝。因為想要透過瓶中的液體品嘗包含種植葡萄在內的釀酒滋味。在法國或義大利，葡萄酒也是這麼一回事，但身為日本人的我們難以想像。反過來說，就像三人的葡萄園或酒窖浮現在眼前，就算沒有去過他們的葡萄園，還是能夠有所感受。一直在喝岡本葡萄酒的人，在造訪了他的葡萄園後，都異口同聲地說「和我想像中的地方一樣」。

季節也是如此，葡萄酒是反映該年的產物，所以年份很重要，儘管法國的氣候和日本不同，日本產的葡萄酒依然能夠體驗相同的四季。

從葡萄酒的味道淡想起櫻花開得比較早，柔和的酸味感受到多雨的日子，強烈的果味憶起了酷暑，成熟的香氣彷彿口中含著秋天早晨涼爽的空氣。

能夠在葡萄酒那種形成的過程中找到價值的人就會回購，支持他們的釀酒之路。

於是三人又會回應期待，不偷工減料，也沒想過偷偷添加什麼。即使生活過不下去，也不想欺騙願意喝他們葡萄酒的人。現在的飲食環境，生產者、消費者和零售店成了互相懷疑的關係，只要能建立這樣的信賴關係，就不會發生偽裝或偽證。

他們的葡萄酒今後的評價仍會起起伏伏，即便如此，還是有人會說「因為是你做的，所以我要買」。有人願意喝、願意買，促成了葡萄酒的釀造。

不過，他們都沒有孩子，繼續這樣下去，葡萄園會後繼無人。就像他們繼承了麻井的想法，年近不惑的三人也想把自己的思想往下交棒。不是自己的孩子也沒關係，但能夠把想法傳承給誰呢，這也是他們共同的煩惱。

半年後，城戶得知了令人開心的消息。參加釀造者學習會時，岡本和曾我帶了女伴前來，他們都決定在初夏結婚。

岡本露出少年般的笑容告訴城戶：

「她住進我的鐵皮屋了，冬天那麼冷，屋裡的番茄罐頭都結凍了。」

「真的嗎？」

城戶一臉驚訝，岡本接著說：

「她說絕對不要搬去高級大廈，住在我的鐵皮屋就好。每天都開心得不得了。」

岡本的妻子是在東京的餐廳喝到岡本的葡萄酒後，被那個味道感動，辭職來到津金的葡萄園研習的二十七歲女性。她說是被岡本對周遭的人十分親切溫柔而吸引。因為有葡萄園要照顧，所以他們不去度蜜月。

「以後可能一輩子都沒辦法去旅行，但我完全不在意。光是能夠遇見他，我就很感謝自己的人生。而且，我有世界上最好喝的葡萄酒，能夠和葡萄一起生活，和他白頭偕老是我的幸福。」

曾我的未婚妻是住在東京的三十二歲藥劑師。

「她買了靴子給我，幹勁十足地幫忙我做田裡的事，我真是幸福到有點害怕。」

對方很認真地告訴城戶，熱情的曾我做事總是不顧一切，她說想支持這樣的他。

「釀酒的方式一定又會被說改變了。」

再婚之後，岡本和曾我的葡萄酒味道一定會改變。城戶的葡萄酒應該也會改變。

「麻井先生過世五年，一切變了這麼多。下一個五年也會有更大的改變吧。」

城戶心中這麼想著。

在大學同窗學習的宇介男孩三人，擁有「葡萄酒要從種葡萄做起」的相同志向，如今各自朝著不同的方向前進。

岡本在栽培和釀造方面比其他人更費心，達成完全不使用化學操作的「以理想為目標」的自然葡萄酒。一切保持原樣的葡萄酒，不管是哪個品種喝起來都會有帶著「岡本作風」的濃郁滋味。無從比較，唯有個性，所以他至今沒參加過比賽，往後也是如此。

另一方面，城戶在腦中描繪著理想的葡萄酒，為了能夠稍微接近理想，在栽培與釀造都選擇最好的方法，積極地展開行動。他也想要表現品種的個性，想從自己的土地釀造出世界等級的葡萄酒。

曾我以自有農場百分之百為目標，慢慢地擴大葡萄園，同時也開始取得一部分有機認證的計畫，即使花時間也想全部變成有機。甚至考慮過沒辦法做到就關園。

他們頻繁交流釀造葡萄酒的資訊，卻總是沒把對方的意見聽進去。他們都是靠自己思考，靠自己嘗試摸索，正因為如此才能夠認同彼此的存在。

更重要的是，他們有著共通點，將人生百分之百獻給葡萄。

認真說來，日本的葡萄酒釀造還在初期階段，結果可能要等到子孫那一代才會出現，但他們不在乎。布根地的酒莊也是經歷了幾世紀傳承酒莊的思想，自己也會成為一個時代串連起下一代，慢慢地花時間熟成就好了。

後記

「我覺得日本的葡萄酒釀造者全都是宇介男孩。」

曾我彰彥這麼說。

「宇介男孩」是曾我和岡本、城戶、鈴木剛、安藏正子這幾位山梨大學研究所一起切磋交流葡萄酒的同伴的暱稱。不過，以接受麻井教誨的定義來說，如同曾我所言，在日本許多和葡萄酒相關的人都是宇介男孩。從麻井直接獲得薰陶的釀造者眾多，包含比他們年紀更大的世代，如今仍是引領日本葡萄酒的存在。又或是麻井的徒孫輩，即使沒有見過，受到其著作影響的人也很多。

除了麻井，對日本葡萄酒奉獻熱情，至今仍持續奉獻的先人堅持不懈的努力，造就了日本現在的葡萄酒，也促成他們三人的成長。

而且，日本各地也出現接續在他們之後，全神貫注投入於釀造葡萄酒的人，不斷做出優良的葡萄酒。暗夜中天色將明，嶄新的太陽或許又會開始包圍葡萄園。

然後日漸高升，下個世代將會完成更好的葡萄酒。當時他們擔憂後繼無人的煩惱也開始露出一線曙光。新婚的曾我今年生了兒子，岡本和城戶也打算讓研習生延續自己的技術。

究竟這根棒子會交接到何時、到哪種程度。我邊這麼思考邊回想起看到DVD中，麻井在最後的葡萄酒會的身影，還有他們三人在葡萄園認真工作的側臉。我帶著祈禱的心情確信，這場接力賽將永無終止，我們消費者也是這場釀酒接力賽中的一員。

另外，關於本書中的人名，基本上都省略了敬稱。

最初造訪岡本先生的葡萄園是在二〇〇五年，之後過了五次的收成季。對百忙之中接受長期採訪的曾我彰彥先生、岡本英史先生和城戶亞紀人，在此致上我的謝意。他們各自的家人也接受了我的採訪，受到他們很大的照顧。從企劃階段到完成原稿，為我提供建議的勝山晉作先生也給了我莫大幫助。感謝麻井宇介先生的家屬提供照片，以及小學館的飯田昌宏先生、大下英則先生盡心協助編輯作業。

最後由衷感謝無法看到本書，已故的麻井宇介先生。

河合香織，二〇一〇十月

參考文獻與圖說

《酒、戰後、青春》（世界文化社）
《日本葡萄酒的誕生與初創時代》（日本經濟評論社）
《比較葡萄酒文化考》（中公新書）
《葡萄園與餐桌之間》（中公文庫）
《釀造葡萄酒的四季》（東京選書）
《釀酒的哲學》（中公新書）
以上皆為麻井宇介的著作
《飛翔吧日本葡萄酒 現狀與展望》（料理王國社）大塚謙一、山本博 著
《日本的葡萄酒》（早川書房）山本博 著
《葡萄酒的自由》（集英社）堀賢一 著
《CLINICIAN》vol.56 no.575
《日本釀造協會》一九九三年五號

宇介男孩尊為師，也是他們名稱由來的麻井宇介先生。

三人只要聚在一起，自然就會談論起葡萄酒的釀造和麻井先生的事。

岡本英史　OKAMOTO EISHI

刻意交給大自然，
雜草叢生的葡萄
園。

通常是使用機械，
岡本則是以手工作
業挑選葡萄果粒。

城戶亞紀人　KIDO AKIHITO

以水平式棚架栽種葡萄，將枝條誘引至同一方向。

在葡萄酒發酵過程中，用木槳將葡萄果粒壓入發酵槽底部的踩皮。

曾我彰彥　SOGA AKIHIKO

籬架式的葡萄園，
無化學農藥栽培，
以有機認證為目標。

寫著「Bio」的木
桶裡裝著正在熟成
的有機葡萄酒。

文庫版後記：後來的宇介男孩

「人們是為了什麼喝葡萄酒呢？」

二〇一八年九月，造訪收成的葡萄園時，岡本這麼問道。在採訪岡本的十三年歲月中，這是他第一次這麼問我。

岡本說沒有像葡萄酒這樣超越國境、宗教、飲食文化的酒，為什麼人們會如此渴求葡萄酒呢？

「那或許是人們也感覺到自己是大自然的一部分吧。」

本書中也有提到葡萄酒是反映自然的農作物，是大自然的一部分。人類也是大自然的一部分；然而在被人工物品包圍的環境中，我們卻經常忘記自己屬於大自然。

在這時候，看到葡萄酒、喝了葡萄酒，感受到自己也是大自然的一部分而覺得安心。岡本說正因為喝了葡萄酒，感受到大自然，能夠成為大自然的一部分，所以人們會喝葡萄酒。

也因為如此，他想要釀造表現大自然的葡萄酒。說起今年販售的夏多內，岡本說「我刻意推出一般人可能不會覺得好喝的葡萄酒」。受到氣候影響，變得像醋一樣，今年其實可以不賣，但他卻想將這種在大自然中形成的產物，無論年份優劣地交到人們手中。

而且，這一年他也推出了只用染了晚腐病的葡萄釀造的所謂「革命性的葡萄酒」。晚腐病是日本最常見的葡萄疾病，它導致收成期的葡萄腐敗，多數生產者會採取因應對策，像是為葡萄套上傘罩，進行消毒。而這些因為染病往往被厭惡捨棄的葡萄，岡本卻刻意用來釀酒。

「世界上只有我的酒莊才有晚腐病葡萄酒吧。感染了晚腐病的葡萄本身並不會散發不良氣味。雖然在日本是典型疾病，或許不該去克服它，而是試著去活用，說不定反而會成為土地的恩賜。這和貴腐酒利用灰黴病是相同的發想。」岡本這麼說道。

只用好的果粒釀造的葡萄酒，能夠稱得上是反映自然的產物嗎？如果自己是葡萄的話，一定會馬上被淘汰，有各種果粒才是所謂的自然。

「那樣的葡萄酒就算對一般人來說不好喝，但人類同樣是大自然的生物，喝了之後會融入身體，能夠喝得下去。說到底，無論是食物或飲品，真的必須美味才行嗎？或許我們不該讓大自然來配合人類的味覺，而是讓人類的味覺來配合大自然才會變得幸福不是嗎？」

有些消費者喝了岡本的葡萄酒會默默地流淚。正因為是完全接受大自然的葡萄酒，所以可以感受到自己也是被接受的存在。

「有漏洞、有缺點不也是一種幸福嗎？視完美為理所當然，就會無法容忍他人的一點小錯。能夠接受一切，對他人的失敗就會覺得『這是常有的事啦』。這世上沒有所謂的壞東西或壞人，即使多少有不好的地方，一定也有好的地方。葡萄酒和人類、大自然皆是如此，沒有什麼是絕對不好的。」

書出版了八年，岡本變了很多。釀造葡萄酒的方式變了，孩子出生後，比起好喝，他更重視讓所有人變得幸福。而且不只在日本販售，銷售海外也是他的改變之一。針對國外市場推出白葡萄不榨汁、皮和種子一起浸漬（maceration）的「a hum 2013」。

「白葡萄榨汁後，把皮和種子扔進葡萄園，引來了很多蜜蜂。明明是上天恩賜的葡萄，人類卻以自己的想法只留下好的、捨棄壞的，這麼做不能說是表現該年的土地和果實。」

那瓶葡萄酒在法國、新加坡、澳洲販售，名字取自佛教的「阿吽」，意指宇宙的始終，一物全體（譯注：食用食物時盡可能取用整個食材）的概念。

二〇一八年十月起，開始採用國稅廳制定的規範，要標示為「日本葡萄酒」的話，原料必須只使用日本國產葡萄，是在日本國內製造的果實酒。過去十年，日本葡萄酒的評價變高，掀起很大的風潮，新加入經營酒莊的人每年增加。但宇介男孩不在意風潮，只是淡然誠懇地持續製造自己理想的葡萄酒。

因為正是日本葡萄酒風潮的時代，曾我的小布施酒莊為了掌握現況、重視品質，下定決心減產。此外，在二〇一八年四月首次企劃舉辦，由專家為日本葡萄酒排名的「日本酒莊評比」獲得五星殊榮。而且，由英國葡萄酒與烈酒教育基金會（WSET）大師協會頒發專業認證的葡萄酒大師之一、以《布根地聖經》（*Inside Burgundy*）聞名的布根地葡萄酒權威賈斯培・莫里斯（Jasper Morris MW）造訪曾我的葡萄園，對他的葡萄酒持續給予高度評價。

城戶結婚第十二年的四十一歲，盼望已久的第一個孩子誕生後，他開始推出以女兒名字命名的葡萄酒。以往他都是釀造酒體紮實強勁的葡萄酒，後來著重於釀造即使早點喝也能充分享受優雅感與均衡感的葡萄酒。自二〇一六年起，釀造「波爾多」不再是單一品種，而是採行混釀（assemblage）。那些葡萄酒命名為「Flower」、「Brilliance」、「Meadows」，這些也是取自女兒的名字。近年也嘗試能夠將鹽尻的風土條件發揮到極致的品種，像是灰皮諾（Pinot Gris）或麗絲玲，他想繼續追求釀造理想的葡萄酒。

岡本最近常想起麻井說的「不可以用看靜物畫的方式看待事物」。現在理所當然的事，五年後未必如此。開始種植葡萄過了二十年，他們的故事也不斷發生變化，在這過程中誕生出意想不到的葡萄酒比較有趣。既然氣候每年都會出現驚人的差異，葡萄酒不可能沒有差異。逐年累積新的篇章，就是他們的幸福。

二〇一八年九月

河合香織

解說：一步一腳印的「葡萄酒革命」

鴻巢友季子（翻譯家）

岡本英史、曾我彰彥、城戶亞紀人。

他們是以傳奇葡萄酒研究家麻井宇介之名取名為「宇介男孩」的日本葡萄酒界耀眼的「革命家」。本書是傳達受到麻井薰陶的他們的葡萄酒觀與克己堅忍的生活方式，也是回顧日本葡萄酒的生產與接納史。

岡本英史的「Beau Paysage」（山清水秀）在山梨縣北杜市津金擁有葡萄園。我在八年多前造訪過這家酒莊，位處眺望南阿爾卑斯市、「津金落山風」吹拂的高海拔之地，這裡釀造出如藝術品般的葡萄酒，令我感到驚嘆。曾我彰彥的「小布施酒莊」位於長野縣小布施，城戶亞紀人的「Kido」酒莊同樣位於長野的鹽尻。雖然釀酒的方式各不相同，但他們都是只使用自家葡萄園與國內葡萄園採收的葡萄釀造百分之百的日本產葡萄酒。

正在翻閱這本書的讀者也許很多人已經知道，本世紀日本的葡萄酒釀造已出現徹底改變與急速的味道提升。另一方面，或許也有人會訝異「咦，真的嗎？」

我第一次喝到岡本、曽我、城戸釀的葡萄酒，受到的衝擊是筆墨難以形容的。當時是在遮住瓶身品牌的狀態下飲用，被問到產地與品種時，我充滿自信地回答「馮內侯瑪內的黑皮諾」。然而，得知是日本產的葡萄酒，而且是梅洛的時候，我甚至懷疑這是刻意在跟我開玩笑。

日本忠實的葡萄酒迷應該是十多年前才開始改觀，嘗試喝日本葡萄酒。在那之前，他們認真尋找的葡萄酒都是法國、義大利、德國等歐洲的舊世界，或是加州、奧勒岡州，再新一點的話是澳洲、紐西蘭、智利、南非一帶成功的酒莊。

然而，日本葡萄酒的革命早在世紀的分界就已經逐步進行。「Beau Paysage」的首發葡萄酒是一九九九年，「Kido」酒莊的啟用是在二〇〇四年。我與日後著名的日本釀造家在法國偶遇是在二〇〇二年。那年，為了探訪酒莊在隆河丘的小鎮徘徊時，那個人為我指路，一問之下他說「我在積架（E.Guigal）酒莊工作」。「日本人在隆河丘的知名酒莊工作？」儘管失禮我內心還是很驚訝。他就是後來開始在隆河丘釀造葡萄酒而聲名大噪，在岡山縣也設立酒莊的大岡弘武。

本書《宇介男孩》之中，曾我將自己的心境比擬為義大利葡萄酒界的「巴羅洛男孩」（宇介男孩的命名是模仿巴羅洛男孩）。曾我家是代代相傳的葡萄農家兼酒廠，彰彥是第四代。不過，原本是以釀造「蘋果酒」起家，商品只限於用巨峰葡萄或梨子釀造的果實甜酒，但巨峰葡萄並非單純的「釀酒葡萄」（歐洲原產適合釀酒的品種），而是和北美原產的「美洲葡萄」交配而成，糖度高，原本就是生食葡萄。

但，曾我就像巴羅洛男孩當中，與父親失和的艾利歐．阿塔雷一樣，違抗極力反對葡萄酒改革的父親，開墾葡萄園，拚命地種釀酒葡萄。河合香織對此寫下「改革總是伴隨痛苦，那是無法獨自完成的事」。如同巴羅洛男孩那樣，宇介男孩三人之間的切磋交流成為彼此的原動力。

的確，對過去的日本人來說，日本葡萄酒很甜，在大眾心中「葡萄酒」就是甜甜的酒。古早的日本人將加了酒精、砂糖、香料的人工甘味葡萄酒當作「藥用酒」飲用，後來也沒有出現從栽種到釀造、裝瓶一手包辦的歐洲農家式酒莊，而是從葡萄園購買葡萄，或是從智利或澳洲等國家採購濃縮果汁或散裝葡萄酒混製而成。那樣的酒被當作「日本產葡萄酒」販售。

可是，試著翻閱《宇介男孩》或本書中引用的麻井宇介的著作，早在明治五年日本已有正統的國營葡萄園。也就是和散髮脫刀一樣，是脫亞入歐（譯注：福澤諭吉主張日本應該放棄中國儒教吸收西方文明，脫離亞洲鄰國落後的行列與西方國家並駕齊驅。）的一環，釀造葡萄酒被當作國策推行。令人驚訝的是，那些葡萄園不只栽種卡本內蘇維濃或夏多內、梅洛、黑皮諾等釀酒葡萄，而且還不是以「棚架」栽培，而是立柱式的「籬架」栽培。我想起岡本英史帶我參觀他的葡萄園時說過「（與其說是革命）我只是回歸原點罷了」。

明治初期因為技術不足而難以發展的葡萄酒釀造，又因為干型葡萄酒本來就味道澀、不受歡迎，再加上惡名昭彰的根瘤蚜蟲病也席捲日本，於是日本人放棄了栽種釀酒葡萄。此後用麝香葡萄、康科德葡萄等食用葡萄釀造「伴手禮葡萄酒」的酒莊變多了。從譯者的角度來看，在葡萄酒這個外國文化的「翻譯」過程中，陷入了異常的馴化＝日本化。

但，本書的革命家顛覆了這個體制。請容許我再次以翻譯做比喻，當我試著完整翻譯以前被部分譯為《噫！無情》的維克多·雨果（Victor Marie Hugo）的《悲慘世界》時，這部巨著的全貌不僅因為新譯變得完美，更可說是昇華為日文的藝術。

以革命表現令人有些忌諱，卻絲毫沒有浮誇。只有踏實地不斷摸索，累積經驗。

然而，他們三人釀造葡萄酒的想法產生巨大變化的契機是什麼呢？

以往，日本的葡萄酒生產者被歐洲的「風土條件」宿命論束縛，陷入如果不是在優良風土條件的土地釀造不出偉大的葡萄酒，釀不出來也沒辦法這種先入為主的觀念。以歷史悠久的歐洲葡萄酒知名產地來看，日本多數田地的風土條件欠佳。不過，宇介先生這麼說：「遵循以往的釀酒常識或許能釀造出好的葡萄酒，卻無法做出令人感動的葡萄酒。請試著捨棄常識。」「靠自己思考，包含國外在內，不必模仿其他人。」

他們三人思考著何謂正統？以嶄新的心情面對田地和葡萄。於是岡本發現「（在釀造葡萄酒的教科書中）所謂的這裡適合、這裡不適合，其實是毫無根據的事」。所謂的「正統」並非鐵則。每一塊地種出的葡萄、每一瓶釀好的葡萄酒都不同，那種不穩定和個性反而是葡萄酒的魅力。所以宇介先生才會說要撕掉不符合實際情況的「教科書」。他們回歸「葡萄酒是來自不同的葡萄園」這個理所當然的原理。

三人中有人恢復了被視為「沒辦法」的籬架栽培，釀造出芳醇的一級葡萄酒。有人換成有機農法，有人重新思考用棚架栽種黑皮諾。

他們達成了以前的日本人無法做到的事，河合香織將這些經歷在書中以「必須要有時間的熟成」表現。日本葡萄酒欠缺的不是真相不明的「土地力」（風土條件），而是面對釀造葡萄酒的獨自心態。城戶斬釘截鐵地說：「就算世界上有能夠種出最棒葡萄的土地，我也不會去。即使有人說要用布根地的特級園和我交換，我也毫無興趣。」閱讀本書時我也發現，把他們的葡萄酒評論為「像馮內侯瑪內那樣」絕非稱讚。

革命因暴力而失敗，用令人懷疑「失常」的態度專心傾聽土地和葡萄的聲音，為了活用大自然，仔細修整葡萄樹、除蟲，做好溫度管理，洗淨釀造桶等，只有不斷重複這些勞心費力基本功的人，才稱得上是革命家，河合香織也透過紮實的採訪讓我們了解到這件事。

VV0124
宇介男孩
翻轉風土宿命，以時間熟成的日本葡萄酒革命
原文書名　ウスケボーイズ 日本ワインの革命児たち

作　　者——河合香織
譯　　者——連雪雅
審　　定——陳匡民
特約編輯——陳錦輝

總　編　輯——王秀婷
責任編輯——陳佳欣
版　　權——沈家心
行銷業務——陳紫晴、羅仔伶

發　行　人——涂玉雲
出　　版——積木文化
104台北市民生東路二段141號5樓
電話：(02)2500-7696　傳真：(02)2500-1953
官方部落格：http://cubepress.com.tw
讀者服務信箱：service_cube@hmg.com.tw

發　　行——英屬蓋曼群島商家庭傳媒股份有限公司城邦分公司
台北市民生東路二段141號11樓
讀者服務專線：(02)25007718-9
24小時傳真專線：(02)25001990-1
服務時間：週一至週五 09:30-12:00、13:30-17:00
郵撥：19863813　戶名：書虫股份有限公司
網站：城邦讀書花園　網址：www.cite.com.tw

香港發行所——城邦（香港）出版集團有限公司
香港九龍九龍城土瓜灣道86號順聯工業大廈6樓A室
電話：+852-25086231　傳真：+852-25789337
電子信箱：hkcite@biznetvigator.com

馬新發行所——城邦（馬新）出版集團 Cite (M) Sdn Bhd
41, Jalan Radin Anum, Bandar Baru Sri Petaling, 57000 Kuala Lumpur, Malaysia.
電話：(603)90563833　傳真：(603) 90576622
電子信箱：services@cite.my

封面設計——郭家振
內頁排版——薛美惠
製版印刷——韋懋實業有限公司

宇介男孩：翻轉風土宿命，以時間熟成的日本葡萄酒革命 / 河合香織著；連雪雅譯. -- 初版. -- 臺北市：積木文化出版：英屬蓋曼群島商家庭傳媒股份有限公司城邦分公司發行, 2023.11
面；　公分
譯自：ウスケボーイズ：日本ワインの革命児たち
ISBN 978-986-459-541-9（平裝）
1.CST: 葡萄酒 2.CST: 日本
463.814　　112017297

【印刷版】
2023年11月 初版一刷
售　價／380元
ISBN／978-986-459-541-9

【電子版】
2023年11月
ISBN／978-986-459-543-3（EPUB）

Printed in Taiwan.